Pallavi Saxena
Harish Mangesh

Fito-nanoecotoxicidade

AF300777

Pallavi Saxena
Harish Mangesh

Fito-nanoecotoxicidade

ScienciaScripts

Imprint

Any brand names and product names mentioned in this book are subject to trademark, brand or patent protection and are trademarks or registered trademarks of their respective holders. The use of brand names, product names, common names, trade names, product descriptions etc. even without a particular marking in this work is in no way to be construed to mean that such names may be regarded as unrestricted in respect of trademark and brand protection legislation and could thus be used by anyone.

Cover image: www.ingimage.com

This book is a translation from the original published under ISBN 978-620-2-31497-8.

Publisher:
Sciencia Scripts
is a trademark of
Dodo Books Indian Ocean Ltd. and OmniScriptum S.R.L publishing group

120 High Road, East Finchley, London, N2 9ED, United Kingdom
Str. Armeneasca 28/1, office 1, Chisinau MD-2012, Republic of Moldova, Europe
Printed at: see last page
ISBN: 978-620-8-05922-4

PREÂMBULO

A "Fitonanoecotoxicidade" é a união da ficologia e da nanoecotoxicologia. Este livro é uma tentativa de fornecer uma visão sobre o papel das algas como ferramenta de monitorização da nanopoluição. Cada vez mais produtos à base de nanotecnologia estão a entrar nos ecossistemas aquáticos. A maior área de superfície das nanopartículas por massa, em comparação com materiais maiores com a mesma química, torna as nanopartículas mais biologicamente activas. Por conseguinte, a investigação da potencial toxicidade aquática das nanopartículas tornou-se um tópico importante. As algas, como unidade básica, são, portanto, as mais adequadas para demonstrar os efeitos. Este livro procura descrever os vários efeitos dos produtos nanotecnológicos na flora algal. Trata-se de uma introdução de fácil leitura ao tópico emergente da fitoecotoxicidade e é, por isso, uma leitura essencial para estudantes de pós-graduação e investigadores que iniciam as suas dissertações nesta área.

COTAÇÃO

A realização deste estudo não teria sido possível sem a cooperação de muitas pessoas cujos nomes não podem ser enumerados. Os seus contributos são sinceramente apreciados e reconhecidos com gratidão.

Gostaríamos de agradecer ao Prof. N.S. Shekhawat, ao Prof. S. Sundaramoorthy, ao Prof. S. D Purohit, ao Prof. B.L. Ahuja e ao Prof. Kanika Sharma. As palavras não são suficientes para expressar a nossa gratidão pelo encorajamento, orientação, sugestão e crítica construtiva consistente que contribuíram imensamente para a finalização e implementação bem sucedida da ideia do projeto.

Estamos igualmente gratos a todos os membros do nosso laboratório que nos apoiaram de uma forma ou de outra na realização desta tarefa.

Gostaríamos também de aproveitar esta oportunidade para agradecer aos nossos pais e familiares pelo seu constante apoio, amor e encorajamento, sem os quais nunca teríamos podido desfrutar de tantas oportunidades.

Pallavi Saxena e Dr. Harish

ABREVEATIONS

Ag	Silver
Al$_2$O$_3$	Aluminium oxide
Au	Gold
C60	Fullerence
CEC	Cation Exchange Capacity
CeO$_2$	Cerium dioxide
CGPs	Cyanophycin Grana Proteins
CNT	Carbon nanotubes
CuO	Copper oxide
DNA	Deoxyribonucleic acid
DOM	Dissolved organic matters
EC	Effect Concentration
EPS	Extra polymeric substance
GA	Gum Arabic
GSH	synthesis- Glutathione synthesis
IC	Inhibitory Concentration
LDH	Lactate Dehydrogenase
LEEC	Locally elevated exposure concentration
MDA	Malondiadlehyde
NiO	Nickel oxide
NOM	Natural Organic Matter
NOM	Natural organic matter
NPs	Nanoparticles
PAMAM	Polyamidoamine dendrimers
PVP	Polyvinylpyrrolidone
ROS	Reactive Oxygen Species

ROS	Reactive oxygen species
SBDS	Sodium dodecyl benzene sulfonate
SDS	Sodium dodecyl sulfate
SiO_2	Silica oxide
SRFA	Suwanee River FulvicAcid
SRHA	Suwannee River Humic acid
SWNTs	Single-walled carbon nanotubes
TEM	Transmission electron microscopy
THF	Tetrahydrofuran
TiO_2	Titanium dioxide
USEPA	U.S. Environmental Protection Agency
UVA/B	Ultraviolet A/B
ZnO	Zinc oxide

Capítulo 1

INTRODUÇÃO

4- "**A nanotecnologia** é o ramo da ciência, da engenharia e da tecnologia que se ocupa da escala nanométrica, ou seja, de 1 a 100 nanómetros, e é designada por nanotecnologia.

O conceito de "nanociência" foi introduzido em 1959 pelo eminente físico **Richard P. Feyman**.

4- O termo "nanotecnologia" foi cunhado por **Nario Taniguchi** em 1974.

O termo "nano" deriva basicamente de uma palavra grega que significa "anão". Tecnicamente, no entanto, é mais pequeno do que um anão, pois é considerado um bilionésimo de metro. Com esta dimensão, as partículas do mesmo material tendem a apresentar propriedades caraterísticas únicas, tais como confinamento espacial, imperfeições condensadas, propriedades térmicas, ópticas, dieléctricas e magnéticas competentes, em contraste com as suas contrapartes a granel, e uma elevada massa por volume em comparação com os seus materiais a granel. Devido a estas propriedades extremamente valiosas, o mercado de produtos baseados em nano tornou-se muito bem estabelecido num curto espaço de tempo. Um ramo da ciência que foi basicamente desenvolvido após a unificação de várias ciências fundamentais, como a física, a química, a botânica e a engenharia, encontrou o seu caminho em relativamente todos os segmentos de utilidade. De facto, a economia mundial deverá contar com uma colaboração de cerca de 3,1 biliões de dólares provenientes da nanotecnologia antes do final de 2025 (Future Market Inc.). A utilização comercial em expansão mostra reservas de 1317 artigos de compras baseados em nanotecnologia em 30 países, para além de que a criação de nanopartículas concebidas atingirá mais de 90 000 toneladas em 2018.

Figura 1.1: Utilização múltipla de algumas nanopartículas artificiais

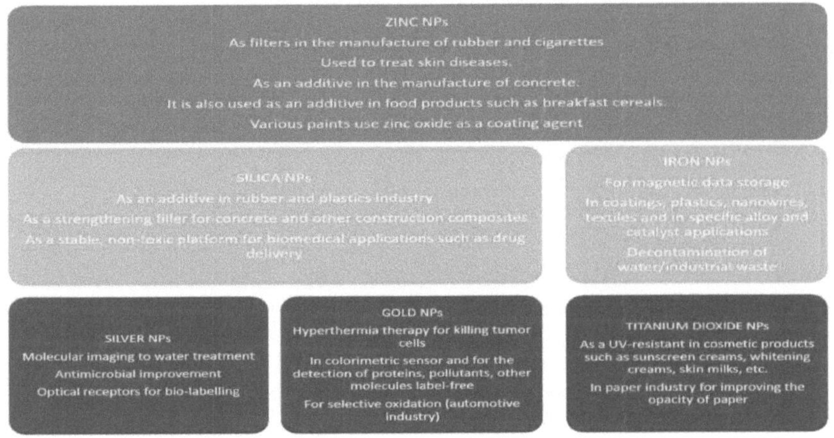

As nanopartículas artificiais são frequentemente classificadas de acordo com a sua composição química:

1. Nanopartículas metálicas - prata elementar, ouro.
2. Nanopartículas de óxidos metálicos - dióxido de titânio, óxido de zinco, dióxido de alumínio, dióxido de silício, óxido de níquel, óxido de cobre, etc.
3. Compostos complexos - compósitos, ligas, nanofluidos. Exemplo - óxido de cobalto-zinco-ferro
4. Fulerenos - Fulerenos de Buckminster, CNTs
5. Pontos quânticos - são compostos binários ou complexos que são frequentemente revestidos com um polímero. Polímeros orgânicos - dendrímeros, poliestireno

Contudo, as nanopartículas não são novidade para nós (Handy *et al.* 2008). Desde a sua evolução, têm sido detectadas sob a forma de poeira vulcânica (Rietmejier e Mackinnon, 1997), em sedimentos (Verma *et al.* 2002) ou em núcleos de gelo glaciar (Murr *et al.* 2004), etc., mas as suas propriedades têm permanecido desconhecidas para a humanidade. São de origem antropogénica ou pirogénica. A nanoforma natural mais comum de partículas são os colóides do solo constituídos por minerais de argila silicatada, óxidos ou hidróxidos de ferro ou alumínio, ou matéria orgânica húmida juntamente com carbono negro. Os nanocristais de sais marinhos transportados pelo ar, que se formam pela evaporação de salpicos de água do mar, são também as nanopartículas naturais mais comuns. Atualmente, existem numerosos métodos de síntese de nanopartículas, incluindo processos químicos, físicos e biológicos.

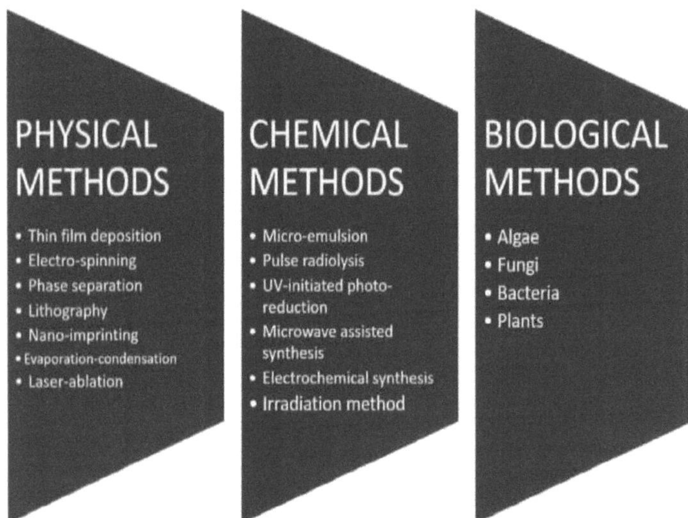

Figura 1.2: Diferentes métodos para a síntese de nanopartículas

Existem duas abordagens básicas para a síntese de nanopartículas (A. D. Dwivedi e L. Q. Ma, 2014): (1) Top down - envolve a degradação do material a granel até atingir o tamanho nanométrico. Outra abordagem é (2) "bottom up", em que as partículas são combinadas para atingir o tamanho nanométrico.

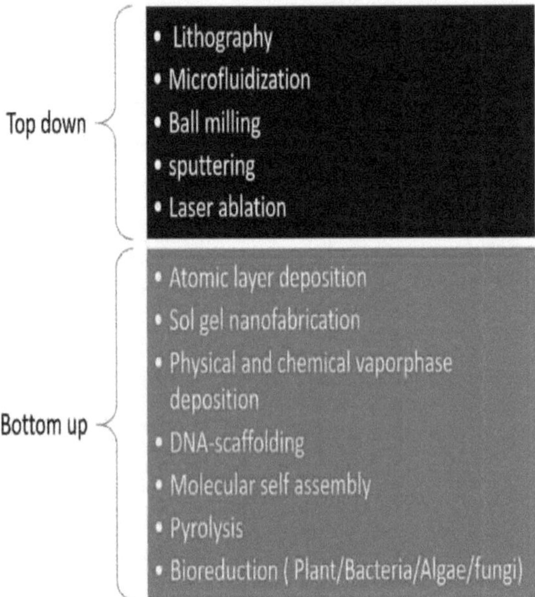

Figura 1.3:

Os processos químicos e físicos, como a ablação por laser, a radiólise por impulsos, a irradiação, a fotolitografia e o nanofabrico sol-gel, são principalmente utilizados para produzir nanopartículas. No entanto, à medida que a subdisciplina da "nanoecotoxicologia" se foi desenvolvendo, surgiram preocupações sobre os riscos para o ambiente e para a saúde humana que a utilização destas técnicas representa. Os riscos decorrem do facto de os protocolos conterem substâncias químicas tóxicas para o ambiente aquático, de serem produzidos subprodutos tóxicos, de serem necessárias infra-estruturas especializadas, como temperaturas e pressões elevadas, etc. Estes são os resultados que ainda não são claros e que, de uma forma ou de outra, constituem uma ameaça não só para o ambiente mas também para a humanidade. Além disso, a relação custo-benefício continua a ser um problema. Por conseguinte, a abordagem atual é a via verde ou, por outras palavras, o desenvolvimento sustentável de produtos baseados na nanotecnologia. Para avaliar estes produtos

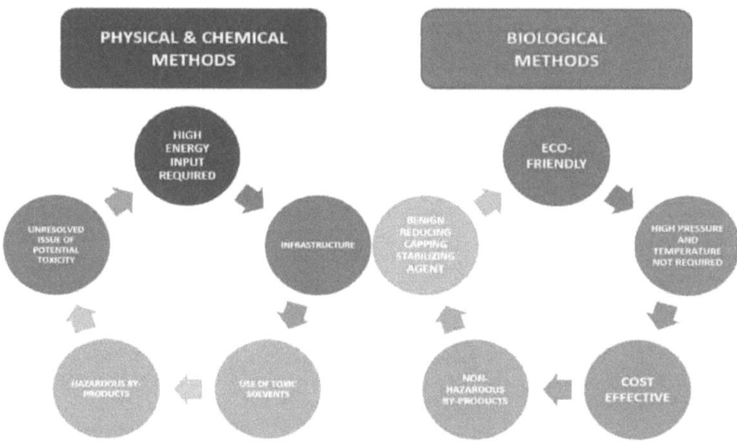

Figura 1.4: Vantagens e desvantagens dos vários métodos de síntese de nanopartículas

Após a síntese, a caraterização das partículas produzidas é muito importante. Uma vez que as nanopartículas têm tendência para se agregarem ou aglomerarem, é muito importante manter ou avaliar as propriedades básicas, como a forma, o tamanho e a morfologia, para efeitos de controlo. Por conseguinte, é essencial caraterizar as partículas após a síntese, a fim de satisfazer os critérios desejados. Existem várias técnicas para esta tarefa. Algumas delas são apresentadas de seguida.

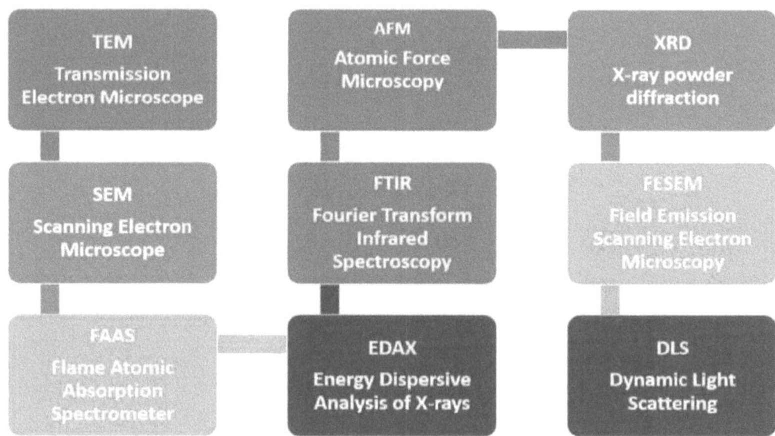

Figura 1.5: Várias técnicas de caraterização de nanopartículas

Nano-ecotoxicologia - avaliação crítica da nanotecnologia em relação ao ambiente:

O efeito das nanopartículas na natureza deu origem a um outro ramo da ecotoxicologia, conhecido como nanoecotoxicologia. Na situação atual, a "nanoecotoxicologia" depara-se com duas dificuldades. Uma é a de decompor os aspectos de segurança dos artigos nanotecnológicos no ambiente indígena, e a outra é a de fazer avançar a melhoria sustentável da nanotecnologia inventiva, diminuindo ao mesmo tempo os seus potenciais problemas (Kahru *et al.* 2012). Seja como for, com o aumento da prevalência de nanopartículas em artigos para clientes, grandes quantidades de nanoagroquímicos (nanofertilizantes e nanopesticidas) e nanopartículas podem ser libertadas e acabar nas comunidades aquáticas a longo prazo, intencionalmente ou por acaso, causando um perigo potencial para a natureza. As nanopartículas são utilizadas diretamente como composto para as plantas ou de forma indireta, através da sua utilização no tratamento de águas residuais (Tiwari *et al.* 2008) e na bioremediação in situ (Karn *et al.* 2009), que acabam por se tornar parte da estrutura. Deste modo, o bem-estar das nanopartículas fabricadas torna-se crítico, tanto do ponto de vista humano como natural. A maior área de superfície por massa, em comparação com materiais de maior valor de uma ciência semelhante, torna as nanopartículas naturalmente mais dinâmicas. As nanopartículas podem sofrer uma alteração acentuada do potencial devido às suas propriedades físico-químicas e ao elemento do meio recetor. A desintegração das nanopartículas pode potencialmente criar segmentos mortais na terra. As propriedades das nanopartículas, como a aglomeração, desempenham um papel potencial na decisão da sua toxicidade (Batley *et al.* 2011). Desta forma, o estudo da toxicidade potencial das nanopartículas no oceano tornou-se uma questão crítica. (ODBrien e Cummins, 2009) propuseram um modelo de três níveis para determinar o perigo. O nível 1 analisou a preocupação associada à apresentação de nanopartículas. O nível 2 considera as alterações nas partículas, o seu comportamento e o seu tratamento. Finalmente, o nível 3 avalia o destino das nanopartículas em relação ao ambiente.

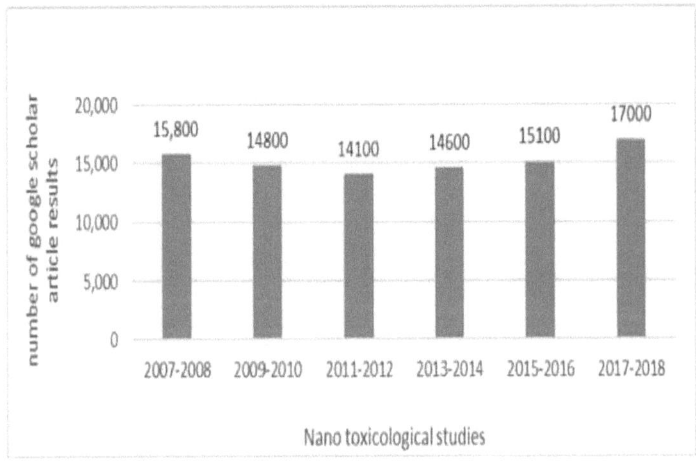

Figura 1.6: Número de estudos nanotoxicológicos realizados numa década

Quadro 1.1: Artigos revistos sobre nanoecotoxicologia que mostram os riscos ambientais até à data

S. No.	RISK ASSESSMENT	REFERENCES
1.	Safe use and manufacture procedures of marketplace nanomaterial is essential on urgent basis	(Nel *et al.* 2006)
2.	Studies regarding the biotransformation of nanoparticles should be taken in consideration.	(Handy *et al.* 2008)
3.	Interdisciplinary approach is required for feasible toxicity approach. Extraploration of in vitro studies are required for better assessment of toxicity	(Navarro *et al.* 2008)
4.	Additional research is required with each nanomaterial to access its actual fate influence.	(Klaine *et al.* 2008)
5.	It is important to characterize the nanoparticles first in order to ensure the changes while interaction occurred.	(Petosa *et al.* 2010)
6.	Review: Do engineered nanoparticles pose a significant threat to the aquatic environment?	(Scown *et al.* 2010)
7.	For validity of proposed model testing for environmental risk assessment in situ studies are required.	(Kahru *et al.* 2010)
8.	Research gaps needed to be fullfill in order to determine exact influence of toxicity on environment.	(Peralta-Videa *et al.* 2011)
9.	Ongoing research required to better define no-effect concentrations through increased toxicity testing.	(Batley *et al.* 2012)
10.	Better understanding is need to be develop to figure out fate of nanoparticles in coming future.	(Hischier *et al.* 2012)
11.	Process of hazard assessment is required for engineered nanomaterials. Regular check on protocols for testing strategy is essential.	(Handy *et al.* 2012)
12.	Nanoparticles and the Environment	(Pratim Biswas &

		Chang-Yu Wu, 2012)
13.	Crucial need for cost effective high throughout methods for ecotoxicity testing. Characterization is very important to understand physiochemical properties to interpret toxicity data correctly.	(Kahru *et al*. 2012)
14.	More specific nanoparticle properties exploration with reference to the experimental conditions.	(Kettler *et al*. 2014)
15.	The effect of nanoparticles and humic acid on technology critical element concentrations in aqueous solutions with soil and sand.	(Stepka *et al*. 2017)
16.	Synthesis of stable nanoparticles at harsh environment using the synergistic effect of surfactants blend.	(Nourafkan *et al*. 2018)

1.3 Fitonanoecotoxicologia:

A presença crescente de nanopartículas em produtos de consumo e as grandes quantidades de nanoagroquímicos (nanofertilizantes e nanopesticidas) que são libertados e podem eventualmente entrar nos ecossistemas aquáticos, quer intencional quer acidentalmente, representam sérios riscos potenciais para o ambiente. A maior área de superfície por massa, em comparação com materiais maiores da mesma química, torna as nanopartículas mais biologicamente activas. Por conseguinte, o estudo da potencial toxicidade aquática das nanopartículas tornou-se uma questão importante. As algas unicelulares são um grupo ideal para estudar as respostas a vários poluentes ambientais sem as complicações encontradas na investigação com plantas superiores mais complexas. Uma das vantagens dos estudos ambientais com algas é a capacidade de alcançar e observar muitas gerações num período de tempo relativamente curto. Devido às suas necessidades nutricionais e à sua posição na base das teias alimentares aquáticas, os indicadores de algas fornecem informações relativamente únicas sobre o estado do ecossistema, em comparação com os indicadores animais normalmente utilizados. Na maioria dos casos, fornecem sinais ecologicamente relevantes de alterações no ecossistema que podem ser utilizados para distinguir entre condições ambientais aceitáveis e inaceitáveis. Os indicadores de algas são também uma ferramenta de monitorização eficaz em termos de custos. Com a proliferação de produtos industriais baseados na nanotecnologia, há uma necessidade urgente de investigar a toxicidade de vários agroquímicos e nanopartículas baseadas na nanotecnologia para o ecossistema aquático, do qual as algas são um componente importante. As algas são um componente importante do ecossistema aquático. Os estudos realizados até à data são alarmantes, uma vez que, na maioria dos casos, a nanoforma tem claramente um impacto negativo na flora algal. Qualquer tipo de negligência pode levar a resultados nocivos a longo prazo. Mas ainda há falta de dados ou podemos dizer que não são suficientes para interpretar os efeitos toxicológicos gerais. Isto deve-se ao facto de os efeitos toxicológicos serem influenciados por todos os parâmetros, desde a forma e o tamanho das nanopartículas até ao meio utilizado para a dispersão e à fisiologia do organismo. O problema é que nenhum resultado isolado pode ser generalizado para interpretar o mecanismo ou o grau de toxicidade. Torna-se uma tarefa complicada avaliar as perspectivas futuras da utilização de grandes quantidades de nanopartículas. De facto, é necessária uma investigação alargada para quantificar os efeitos. Isto inclui o estudo de organismos individuais relativamente a vários parâmetros. Este livro centra-se neste tópico emergente, também no que diz respeito ao aspeto do desenvolvimento sustentável da nanotecnologia. Precisamos de estar muito mais conscientes do problema iminente da nanoecotoxicidade.

Quadro 1.2: Algas nas quais foram efectuados testes de nanoecotoxicidade até à data

Blue green algae	Green algae	Red alage	Brown algae	Diatoms
Anabaena variabilis	*Desmodesmus subspicatus* *Dunaliellla tertiolecta*			*Thalassiosira Pseudonana*
Microcystis aeruginosa	*Pseudokirchneriella subcapitata*			*Skeletonema marinoi*
	Tetraselmis suecica			*Nitzschia closterium*
	Chlorella vulgaris *Chlorella ellipsoids*			*Corbicula fluminea*
	Chlamydomonas reinhardtii *Chlamydomonas moewusii*			*Chaetoceros gracilis*
	Scenedesmus quadricauda *Scenedesmus obliquus*			*Phaeodactylum tricornutum*
	Picochlorum sp.			*Isochyris galbana.*
	Chlorococcum spp.			*Pavlova lutheri*

REFERÊNCIAS

1. Batley, G. E., Kirby, J. K., & McLaughlin, M. J. (2012). Fate and risks of nanomaterials in the aquatic and terrestrial environment (Destino e riscos dos nanomateriais no ambiente aquático e terrestre). *Contas da investigação química*, 46(3), 854-862.
2. Biswas, P., & Wu, C. Y. (2005). Nanoparticles and the environment. *Journal of the Air & Waste Management Association*, 55(6), 708-746.
3. Dwivedi, A. D., & Ma, L. Q., (2014).Vias sintéticas biocatalíticas, transformação e toxicidade de nanopartículas no ambiente. *Revisões Críticas em Ciência e Tecnologia Ambiental*, 44(15), 1679-1739.
4. Future Market Inc (2014). The Global Market for Metal Oxide Nanoparticles to2025https://marketpublishers.com/report/metallurgy/metal_products/global-market-4- metal-oxide-nanoparticles-to-2020.html.
5. Handy, R.D., Owen, R., Valsami-Jones, E. (2008). The ecotoxicology of nanoparticles and nanomaterials: current status, knowledge gaps, challenges and future needs. *Ecotoxicologia*, 17(5), 315-325
6. Handy, R. D., Cornelis, G., Fernandes, T., Tsyusko, O., Decho, A., SaboDAttwood, T., & Horne, N. (2012). Métodos de ensaio de ecotoxicidade para nanomateriais artificiais: experiência prática e recomendações do terreno. *Toxicologia e Química Ambiental*, 31(1), 15-31.
7. Hischier, R., & Walser, T. (2012). Life cycle assessment of engineered nanomaterials: state of the art and strategies to overcome existing gaps (Avaliação do ciclo de vida de nanomateriais artificiais: estado da arte e estratégias para superar as lacunas existentes). *Science of the Total Environment*, 425, 271-282.
8. Kahru, A., & Dubourguier, H. C., (2010). Da ecotoxicologia à nanoecotoxicologia.

Toxicologia, 269(2), 105-119.

9. Kahru, A., & Ivask, A. (2012). Mapeando o início da pesquisa nanoecotoxicológica. *Contas da investigação química*, 46(3), 823-833.
10. Karn, B., Kuiken, T., & Otto, M. (2009). Nanotechnology and in situ remediation: an overview of the benefits and potential risks. *Perspectivas de saúde ambiental*, 18231831.
11. Kettler, K., Veltman, K., van de Meent, D., van Wezel, A., & Hendriks, A. J. (2014). Absorção celular de nanopartículas em função das propriedades das partículas, condições experimentais e tipo de célula. *Toxicologia e química ambiental*, 33(3), 481-492.
12. Klaine, S. J., Alvarez, P. J., Batley, G. E., Fernandes, T. F., Handy, R. D., Lyon, D. Y., & Lead, J. R. (2008). Nanomaterials in the environment: behaviour, fate, bioavailability and effects (Nanomateriais no ambiente: comportamento, destino, biodisponibilidade e efeitos). *Environmental Toxicology and Chemistry*, 27(9), 1825-1851.
13. Murr, L. E., Esquivel, E.V., Bang, J.J., De La Rosa, G., Gardea-Torresdey, J.L., (2004). Química e composição nanoparticulada da água de fusão de um núcleo de gelo com 10.000 anos. *Investigação sobre a Água*, 38(19), 4282-4296
14. Navarro, E., Baun, A., Behra, R., Hartmann, N. B., Filser, J., Miao, A. J., & Sigg, L. (2008). Environmental behaviour and ecotoxicity of engineered nanoparticles for algae, plants and fungi (Comportamento ambiental e ecotoxicidade de nanopartículas artificiais para algas, plantas e fungos). *Ecotoxicologia*, 17(5), 372-386.
15. Nel A, Xia T, Madler L, Li N. (2006). The toxic potential of nanoscale materials (O potencial tóxico dos materiais à escala nanométrica). *Science*, 311, 622-627.
16. Nourafkan, E., Asachi, M., Hu, Z., Gao, H., & Wen, D. (2018). Síntese de nanopartículas estáveis em ambiente hostil usando o efeito sinérgico de misturas de surfactantes. *Jornal de Química Industrial e de Engenharia*.

17. O'Brien, N., & Cummins, E. (2009). Development of a three-tier risk assessment strategy for nanomaterials (Desenvolvimento de uma estratégia de avaliação de riscos em três níveis para nanomateriais). Em *Nanomaterials: Risks and Benefits* (pp. 161-178). Springer Netherlands.

18. Peralta-Videa, J. R., Zhao, L., Lopez-Moreno, M. L., de la Rosa, G., Hong, J., & Gardea-Torresdey, J. L. (2011). Nanomaterials and the environment: a review of the two-year period 2008-2010, *Journal of Hazardous Materials*, 186(1), 1-15.

19. Petosa, A. R., Jaisi, D. P., Quevedo, I. R., Elimelech, M., & Tufenkji, N. (2010). Agregação e deposição de nanomateriais artificiais no ambiente aquático: papel das interações físico-químicas. *Environmental science & technology*, 44(17), 6532-6549.

20. Rietmeijer, F.J., Mackinnon, I.D. (1997). Nanopartículas de óxido de bismuto na estratosfera. *Journal of Geophysical Research: Planets (1991-2012)*. 102(E3), 66216627

21. Scown, T. M., Van Aerle, R., & Tyler, C. R. (2010). As nanopartículas artificiais representam um risco significativo para o ambiente aquático? *Critical Reviews in Toxicology*, 40(7), 653670.

22. Stepka, Z., Dror, I., & Berkowitz, B. (2018). O efeito de nanopartículas e ácido húmico nas concentrações de elementos críticos para a tecnologia em soluções aquosas com solo e areia. *Ciência do Ambiente Total*, 610, 10831091.

23. Tiwari, D. K., Behari, J., & Sen, P. (2008). Aplicação de nanopartículas no tratamento de águas residuais 1.

24. Verma, H.C., Upadhyay, C., Tripathi, A., Tripathi, R.P., Bhandari, N. (2002) Padrão de decomposição térmica e estimativa da dimensão das partículas de minerais de ferro associados ao Limite Cretáceo-Terciário perto de Gubbio. *Meteorítica e Ciência Planetária*. 37(7), 901-909

Capítulo 2

EFEITOS DE NANOPARTÍCULAS METÁLICAS ARTIFICIAIS EM ALGAS

- Introdução

Os metais são substâncias basicamente sólidas. São duros, brilhantes, maleáveis, fusíveis e dúcteis. Acima de tudo, são bons condutores de eletricidade e de calor. A prata e o ouro sempre foram metais de grande interesse e utilização para diversos fins. Na antiguidade, o ouro e a prata eram utilizados apenas para fins ornamentais e artísticos. No entanto, com o avanço da tecnologia e a investigação sobre as suas propriedades ótico-electrónicas únicas, foi descoberta uma vasta gama de aplicações. Mesmo na sua forma nano, possuem propriedades ópticas, eléctricas e térmicas únicas. A vasta gama de aplicações das nanopartículas de ouro deve-se à versatilidade da sua química de superfície, que permite o revestimento de diferentes moléculas, e à sua estabilidade coloidal, aliada ao seu tamanho nano.

No cenário atual, as nanopartículas de prata são usadas como agentes antimicrobianos (Rai *et al.* 2009; Franci *et al.* 2015), como receptores ópticos para biomarcadores (Anthony *et al.* 2014), para ensaios colorimétricos sem rótulo para detetar reações enzimáticas (Oliveira *et al.* 2015), drogas terapêuticas (Dos Santos *et al.* 2011; Wei *et al.* 2015), tratamento de águas residuais (Thalmann *et al.* 2015; Adeleye *et al.* 2016), as nanopartículas de ouro são também utilizadas na terapia fototérmica do cancro (Hwang *et al.* 2014; Abadeer *et al.* 2016; Riley *et al.* 2017), na sensibilização à radiação (Schuemann *et al.* 2016), na administração de fármacos (Daraee *et al.* 2016), no detetor de colesterol (Nantaphol *et al.* 2014), na sonda intracelular (Huefner *et al.* 2014), etc. Uma vez que os iões de prata são quimicamente compatíveis para serem transportados através da membrana celular, tal como os iões de sódio e de cobre, os iões de prata são considerados tóxicos para o ambiente, mas os efeitos no ambiente ainda não são totalmente conhecidos. Nos sistemas de água doce, os iões de prata são especificados e a biodisponibilidade é reduzida, enquanto nos sistemas de água do mar os complexos de prata estão altamente disponíveis (Luoma, 2008). Devido à dificuldade de especiação dos metais de prata em meios aquáticos de química diferente, foram previstos vários modelos, como o modelo de atividade de iões livres ou o modelo de ligandos bióticos, mas é necessária mais experimentação e desenvolvimento para aplicação na sua nanoforma. Do mesmo modo, verifica-se que o ouro afecta as glicoproteínas da superfície celular das algas. Uma vez que a parede celular é o alvo principal, qualquer perturbação por iões metálicos conduz a uma perturbação das actividades fisiológicas. Por conseguinte, é importante avaliar os efeitos das nanopartículas metálicas para excluir futuros riscos para o ambiente.

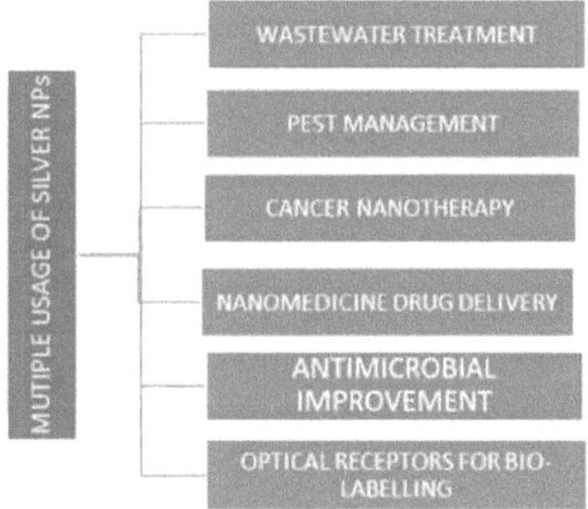

Figura 2.1: Diversas utilizações das NPs de prata

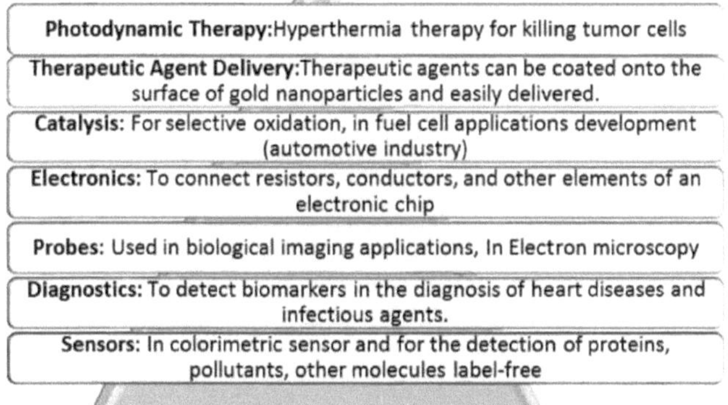

Figura 2.2: Utilizações do ouro NP em vários sectores

- Absorção e efeitos de nanopartículas metálicas em algas

❖ **Nanopartículas de prata**:

As NPs de prata são utilizadas em muitos produtos industriais como agentes antimicrobianos e antifúngicos. As NPs de prata (Ag) reduzem o rendimento quântico fotossintético e a taxa de crescimento de *Chlamydomonas reinhardtii* e *Thalassiosira weissflogii* através da libertação de Ag+ (Navvaro *et al.* 2008; Miao *et al.* 2009). No entanto, verificou-se que as NPs de AgNO3 eram menos tóxicas (agudas) para *Daphnia magna*, *Pimephales promelas* e *Pseudokirchneriella subcapitata* em comparação com o AgNO3 a granel (Kennedy *et al.* 2010). Foi observado um aumento da concentração de ROS, da peroxidação lipídica, uma diminuição do teor de clorofila e uma diminuição da viabilidade celular tanto na alga de água doce *Chlorella vulgaris* como na alga marinha *Dunaliella tertiolecta* após tratamento com Ag-NPs (Oukarroum *et al.* 2012a). A variabilidade da temperatura afecta a toxicidade das Ag-NPs ao prejudicar o rendimento quântico do fotossistema II e o transporte de electrões fotossintéticos. Foi relatado que *a Dunaliella tertiolecta* é mais afetada a temperaturas elevadas do que *a Chlorella vulgaris* (Oukarroum *et al.* 2012b). A toxicidade das Ag-NPs foi investigada em *Chlamydomonas reinhardtii* com uma forma selvagem e uma forma mutante sem parede celular e revelou que

A parede celular desempenha um papel importante na limitação da absorção de iões de prata, uma vez que são observadas constantes elevadas para a acumulação de iões de prata nos mutantes sem parede celular (Piccapietra *et al.* 2012). Verificou-se que as Ag-NP são tóxicas para vários organismos tropicais no ecossistema marinho, desde algas (*Dunaliella tertiolecta, Skeletonema costatum*), cnidários (medusa *Aurelia aurita*), crustáceos (*Amphibalanus amphitrite* e *Artemia salina*) a equinodermes (*Paracentrotus lividus*) (Gambardella *et al.* 2014). A transformação de Ag-NP é uma questão fundamental para garantir a estabilidade e a toxicidade, que devem ser avaliadas em relação a diferentes ambientes aquosos (Levard et al. 2012).

(Navvaro *et al.* 2008) efectuou um estudo sobre *Chamydomonas reinhardtii*. O fenómeno de fotossíntese da *Chamydomonas reinhardtii* foi analisado através da técnica de flourometria. Também aqui foram avaliadas nanopartículas de prata e os resultados indicaram efeitos tóxicos. Verificou-se que o rendimento quântico do fotossistema II diminuiu devido à libertação de Ag+.

(Miao *et al.* 2009), foi efectuado um estudo com nanopartículas de prata na alga *Thalassiosira weissflogii*. Foi observada uma redução da taxa de crescimento específica da célula, juntamente com uma redução do rendimento quântico do fotossistema II. $^+$O teor de clorofila a também foi reduzido devido à toxicidade resultante da libertação de Ag das nanopartículas de prata. $^+$Ambos os resultados experimentais mostraram que cerca de 1% de Ag foi libertado das nanopartículas de prata. No entanto, existem poucos estudos que tenham investigado os efeitos ecotoxicológicos e ecológicos da exposição direta e indireta a nanopartículas.

(Kennedy *et al.* 2010) efectuaram estudos com nanopartículas de prata de diferentes tamanhos (10 a 80 nm de diâmetro) e com diferentes revestimentos (citrato, polivinilpirrolidona, EDTA, próprio). Os efeitos foram investigados com três organismos aquáticos de teste (*Daphnia magna, Pimephales promelas, Pseudokirchneriella subcapitata*). Os resultados mostraram que as suspensões de nanosilver (nAg) testadas eram significativamente menos tóxicas em termos agudos do que o ião de prata desassociado como nitrato de prata ($_{AgNO3}$). *Daphnia magna* e *Pimephales promelas* foram significativamente mais sensíveis à prata iónica ($_{Ag+}$) sob a forma de AgNO3 (LC50 média) 1,2 e 6,3 jig/L, respetivamente) em comparação com uma vasta gama de valores LC50 determinados para as suspensões de nanosilver (2-126 jig/L). Após 48 horas, as concentrações letais medianas (LC50) foram expressas como prata total em ambos os organismos.

(Oukarroum *et al.* 2012a) compararam os efeitos das nanopartículas de prata nas algas de água doce *Chlorella vulagris* e nas algas marinhas *Dunaliella tertiolecta*. Os resultados mostraram que a diminuição das células viáveis, a produção de ROS (espécies reactivas de oxigénio), a peroxidação lipídica e a diminuição do teor de clorofila devem ser as razões para o parâmetro estabelecido de toxicidade das nanopartículas de prata. Uma exposição de 24 horas com concentrações de dose de 0-10 mg/L teve efeitos diferentes na aglomeração de nanopartículas de prata pelos meios. Foram observados diferentes níveis de sensibilidade. Este estudo foi alargado por (Oukarroum *et al.* 2012b) para analisar a influência da temperatura. As mesmas espécies de algas foram analisadas a 25 DC e 31 DC sob a influência de nanopartículas de prata. Em comparação com as nanopartículas de prata isoladas, um aumento da temperatura levou a uma diminuição do desempenho fotossintético global. A temperatura resultou em efeitos fortemente alterados no rendimento quântico do fotossistema II e no transporte de electrões fotossintéticos primários. Foi referido que *a Dunaliella tertiolecta* foi mais afetada do que *a Chlorella vulagris.*

(Piccapietra *et al.* 2012) realizaram experiências em *Chlamydomonas reinhardtii* com nanopartículas de prata revestidas com carbonato e nitrato de prata. As células de algas foram analisadas na forma selvagem e na forma mutante sem parede celular. Os resultados mostraram que foram medidas constantes de taxa de acumulação elevadas nos mutantes sem parede celular, o que sugere que a parede celular desempenha um papel na limitação da absorção de iões de prata. A biodisponibilidade calculada das nanopartículas de prata foi considerada baixa em ambas as estirpes relativamente à concentração de iões de prata. Verificou-se que a internalização de nanopartículas de prata através da membrana celular é limitada. Em contrapartida, a concentração de nitrato de prata aumentou com o aumento do tempo de exposição. A transformação das nanopartículas é um fator-chave para garantir a estabilidade e a toxicidade.

(Levard *et al.* 2012) analisaram numa série os principais processos de transformação das nanopartículas de prata em diferentes ambientes aquosos. As previsões sobre as formas de óxido de prata foram feitas por argumentos termodinâmicos em diferentes condições ambientais. A sulfidação de Ag-NP leva a uma redução significativa da sua toxicidade devido à menor solubilidade do sulfureto de prata, limitando potencialmente o seu impacto ambiental a curto prazo.

(He *et al.* 2012) A toxicidade a curto prazo das nanopartículas de prata estabilizadas com citrato (AgNPs) e da prata iónica Ag(I) para a rafidófita marinha *Chattonella marina* foi investigada utilizando o indicador fluorométrico Alamar Blue. A agregação e a dissolução das AgNPs ocorreram após a adição ao meio GSe, enquanto a absorção de Ag(I) dissolvido ocorreu na presença de *Chattonella marina*. Medida em termos de massa total de prata, a toxicidade foi significativamente maior para Ag(I) do que para AgNPs. A cisteína, um forte ligando de Ag(I), aboliu completamente os efeitos inibitórios da Ag(I) e das AgNPs na atividade metabólica da *Chattonella marina*, sugerindo que a toxicidade das AgNPs se deve à libertação de Ag(I). Foram observados efeitos tóxicos sinérgicos das AgNPs/Ag(I) e da *Chattonella marina* nas células das brânquias dos peixes, e estes efeitos podem dever-se ao aumento da formação de espécies reactivas de oxigénio pela *Chattonella marina* quando o organismo é exposto à prata.

(Leclerc *et al.* 2013) investigaram a acumulação de nanopartículas de prata na alga verde de água doce *Chlamydomonas reinharditii*. A quantidade de prata absorvida foi medida utilizando a absorção de prata iónica. Os resultados mostraram que as algas verdes aumentaram a acumulação de prata com o aumento da concentração de nanopartículas durante a exposição. No entanto, na presença de cisteína, o resultado foi o oposto.

A internalização da prata iónica, confirmada pelos valores de expressão da proteína de transporte de cobre-2 em

Chlamydomonas reinharditii.

(Gambardella *et al.* 2015) investigaram a toxicidade potencial das nanopartículas de prata em relação a vários organismos-chave do ecossistema marinho a nível tropical. Os organismos testados incluíam algas clorofíceas (*Dunaliella tertiolecta, Skeletonema costatum*), cnidários (*Aurelia aurita),* medusas, crustáceos (*Amphibalanus amphitrite* e *Artemia salina)* e equinodermes *(Paracentrotus lividus)*, que foram tratados com nanopartículas de prata e avaliados em diferentes pontos finais. O estudo incidiu sobre o crescimento de algas, a imobilização de medusas e a frequência das pulsações, a mortalidade e o comportamento de natação dos crustáceos e a motilidade dos espermatozóides dos ouriços-do-mar. Os resultados revelaram um efeito dose-dependente. A sensibilidade dos organismos testados variou, sendo as medusas as espécies mais sensíveis de acordo com o estudo. No entanto, é evidente que as nanopartículas de prata têm uma toxicidade potencial para todos os organismos tropicais.

(Mackevica *et al.* 2015) avaliou a influência da disponibilidade de alimentos na toxicidade. O estudo foi realizado *com* uma série de testes de reprodução de 21 dias *com Daphnia magna* (OCDE 211) utilizando nanopartículas de prata estabilizadas com ácido cítrico de 30 nm. O objetivo era investigar a influência do fornecimento de alimentos na toxicidade reprodutiva das nanopartículas de prata estabilizadas com ácido cítrico em *Daphnia magna*. As experiências de estudo relatadas foram realizadas como testes de renovação estática em relação a concentrações de exposição de 10 a 50 p.g Ag/L, e os organismos de teste foram alimentados com algas verdes *Pseudokirchneriella subcapitata* em tratamentos dietéticos baixos e elevados. Os resultados registados referem-se à sobrevivência, ao crescimento do organismo parental e ao número de neonatos vivos produzidos. O estudo mostrou que as nanopartículas de prata em concentrações superiores a 10 g Ag/L tinham efeitos prejudiciais na sobrevivência, no crescimento e na reprodução, enquanto os organismos expostos a 10 p.g Ag/L tinham maior comprimento corporal e produziam mais descendentes do que os controlos em ambos os tratamentos dietéticos. O estudo concluiu que o tratamento com uma concentração elevada na dieta resultou numa maior sobrevivência, crescimento e reprodução do que o tratamento com uma concentração baixa na dieta.

Nanopartículas de ouro

As NPs de ouro são utilizadas em várias aplicações biomédicas, como a administração de medicamentos, agentes de hipertermia, agentes terapêuticos, sondas sensoriais, condutores electrónicos, etc. Os efeitos das NPs de ouro (Au) em duas espécies de água doce, *Scenedesmus subspicatus* (alga verde) e *Corbicula fluminea* (mexilhão bentónico), foram investigados, tendo sido observado um efeito adverso após uma exposição de 24 horas a NPs de Au de 10 nm, levando à rutura intracelular das algas (Renault *et al.* 2008). O tratamento com NPs Au revestidas com PAMAM suprimiu a atividade metabólica das células em *Chlamydomonas reinhardtii* (Perreault *et al.* 2012). Neste estudo, verificou-se que as bactérias e as algas eram mais sensíveis às Au NPs do que as linhas celulares de mamíferos; por conseguinte, os efeitos específicos do meio devem ser considerados aquando da avaliação da toxicidade. No entanto, foram observados resultados contraditórios por (Behra *et al.* 2015), que incluíram NPs Au revestidas com carbonato e citrato e NPs AuCl3 sem resposta inibitória significativa em termos de atividade fotossintética e crescimento celular em *Chlamydomonas reinhardtii*.(Renault *et al.* 2008) investigaram os efeitos da exposição a nanopartículas de ouro em duas espécies de água doce, ou seja, uma alga fitoplanctónica, *Scenedesmus subspicatus* e um mexilhão bentónico, *Corbicula fluminea*. Os resultados mostraram um efeito claro nas algas após uma exposição de 24 horas a nanopartículas de ouro de 10 nm. Mesmo com o nível mais baixo de contaminação, a taxa de mortalidade observada foi de 20%. A adsorção das nanopartículas na parede celular foi confirmada por estudos TEM, levando à rutura intracelular. (Perreault *et al.* 2012a) investigaram a toxicidade em duas linhas celulares de mamíferos, em bactérias e na alga verde *Chlamydomonas reinhardtii*. O tratamento com nanopartículas de ouro revestidas com PAMAM suprimiu a atividade metabólica das células nas algas. Este estudo sugere que os efeitos específicos do meio devem ser considerados aquando da avaliação da toxicidade. (Moreno-Garrido *et al.* 2015) debruçaram-se recentemente sobre o destino e a toxicidade das nanopartículas metálicas, como a prata e o ouro, nas microalgas, uma vez que estas são os organismos mais importantes nos ecossistemas aquáticos. A produção e a utilização crescente de nanopartículas metálicas e o facto de os oceanos e os estuários serem basicamente o último sumidouro destas nanopartículas na soma dos sistemas aquáticos. O estudo constatou uma falta de dados no caso das algas bentónicas. Estudos de casos sobre nanopartículas. Os principais fenómenos discutidos foram a aglomeração e a agregação. A conceção da toxicidade ecotoxicológica e a investigação futura no domínio da nanoecotoxicologia de microalgas foram descritas juntamente com o novo estudo sobre a tecnologia recentemente desenvolvida para a produção de nanopartículas metálicas mediada por algas e algumas reflexões finais sobre a investigação futura neste domínio.

Quadro 2.1: Caracterização nano-ecotoxicológica da flora algal

S.no	Particle size	Tested algal species	Important findings	Reference / year
1.	10-200nm Ag NP	*Chlamydomonas reinhardtii*	Nano form is toxic	Navvaro *et al.* 2008
2.	10nm Ag NP	*Thalassiosira weissflogii*	Release of Ag^+ from silver nanoparticles is imparting toxicity	Miao *et al.* 2009
3.	10-80nm Ag NP	*Pseudokirchneriella subcapitata*	Different coating influence the toxicity levels	Kennedy *et al.*2010
4.	50nm Ag NP	*Chlorella vulgaris* *Dunaliellla tertiolecta*	Dispersal media affect the toxicity levels	Oukarroum *et al.* 2012a
5.	50nm Ag NP	*Chlorella vulgaris* *Dunaliellla tertiolecta*	Temperature influence the toxicity	Oukarroum *et al.* 2012b
6.	coated Ag NP silver	*Chlamydomonas reinhardtii*	Exposure time is also play important role.	Piccapietra *et al.*2012
7.	Ag NP	*Dunaliella tertiolecta, Skeletonema costatum,* cnidaria (*Aurelia aurita,* jellyfish, crustaceans, *Amphibalanus amphitrite* and *Artemia salina* echinoderms *Paracentrotus lividus*	Toxicity depends on the testing organism physiology	(Gambardella *et al.* 2014)
8.	AuNP	*Scenedesmus subspicatus* *Corbicula fluminea*	Nano form is toxic	Renault *et al.* 2008

| 9. | PAMAM Coated AuNP | *Chlamydomonas reinhardtii* | Culture media plays important during the toxicity evaluation | Perreault *et al.* 2012 |
| 10. | 10–20 $AuNP_{car}$ (carbonate coated) 2–5 $AuNP_{cit.}$ (citrate coated) | *Chlamydomonas reinharditii* | Toxicity is more likely to be imparted by the coating material rather than the metal alone. | Behra *et al.* 2015 |

REFERÊNCIAS

1. Abadeer, N. S., & Murphy, C. J. (2016). Avanços recentes na terapia térmica do cancro com nanopartículas de ouro. *The Journal of Physical Chemistry C*, 120(9), 4691-4716.
2. Adeleye, A. S., Conway, J. R., Garner, K., Huang, Y., Su, Y., & Keller, A. A. (2016). Nanomateriais projetados para tratamento e remediação de água: custos, benefícios e aplicabilidade. *Chemical Engineering Journal*, 286, 640-662.
3. Anthony, K. J. P., Murugan, M., & Gurunathan, S. (2014). Biossíntese de nanopartículas de prata a partir do sobrenadante de cultura de Bacillus marisflavi e sua potencial atividade antibacteriana. *Journal of Industrial and Engineering Chemistry, 20*(4), 15051510.
4. Behra, R., Wagner, B., Sgier, L., & Kistler, D. (2015). Estabilidade coloidal e toxicidade de nanopartículas de ouro e cloreto de ouro em *Chlamydomonas reinhardtii*. *Aquatic Geochemistry 21(2-4)*, 331-342.
5. Daraee, H., Eatemadi, A., Abbasi, E., Fekri Aval, S., Kouhi, M., & Akbarzadeh, A. (2016). Aplicação de nanopartículas de ouro em biomedicina e administração de medicamentos. *Células artificiais, nanomedicina e biotecnologia*, 44(1), 410-422.
6. Dos Santos, C. A., Seckler, M. M., Ingle, A. P., Gupta, I., Galdiero, S., Galdiero, M., & Rai, M. (2014). Nanopartículas de prata: Aplicações terapêuticas, toxicidade e questões de segurança. *Jornal de Ciências Farmacêuticas*, 103(7), 1931-1944.
7. Franci, G., Falanga, A., Galdiero, S., Palomba, L., Rai, M., Morelli, G., & Galdiero, M. (2015). Nanopartículas de prata como potenciais agentes antibacterianos. *Molecules*, 20(5), 8856-8874.
8. Gambardella, C., Gallus, L., Gatti, A. M., Faimali, M., Carbone, S., Antisari, L. V., Falugi, C, & Ferrando, S. (2014). Toxicidade e transferência de nanopartículas de óxido de metal de microalgas para larvas de ouriço do mar. *Química e Ecologia*, 30(4), 308-316.
9. German, N., Kausaite-Minkstimiene, A., Ramanavicius, A., Semashko, T., Mikhailova, R., & Ramanaviciene, A. (2015). O uso de diferentes oxidases de glicose para o desenvolvimento de um biossensor amperométrico de glicose sem reagente baseado em nanopartículas de ouro cobertas por polipirrol. *Electrochimica ata*, *169*, 326-333.
10. He, D., Dorantes-Aranda, J. J., & Waite, T. D. (2012). Interações entre nanopartículas de prata e algas: dissolução oxidativa, geração de espécies reativas de oxigênio e efeitos tóxicos sinérgicos. *Ciência e Tecnologia Ambiental*, *46*(16), 8731-8738.
11. Huefner, A., Septiadi, D., Wilts, B. D., Patel, I. I., Kuan, W. L., Fragniere, A., & Mahajan, S. (2014). Nanopartículas de ouro exploram células: absorção celular e seu uso como sondas intracelulares. *Methods*, 68(2), 354-363.
12. Hwang, S., Nam, J., Jung, S., Song, J., Doh, H., & Kim, S. (2014). Terapia fototérmica mediada por nanopartículas de ouro: Estado atual e futuro Perspetiva. *Nanomedicina*, 9(13), 2003-2022.
13. Kennedy, A. J., Hull, M. S., Bednar, A. J., Goss, J. D., Gunter, J. C., Bouldin, J. L., & Steevens, J. A. (2010). Fracionamento de nanosilver: implicações para a determinação da toxicidade para organismos de teste aquáticos. *Environmental science & technology*, 44(24), 9571-9577.
14. Leclerc, S., & Wilkinson, K. J. (2013). Bioacumulação de nanosilver por Chlamydomonas reinhardtiiD nanopartículas ou o ião livre? *Ciência e tecnologia ambiental*, *48*(1), 358-364.
15. Levard, C., Hotze, E. M., Lowry, G V, & Brown Jr, G E. (2012). Transformações ambientais de nanopartículas de prata: impacto na estabilidade e toxicidade. *Ciência e tecnologia ambiental*, 46(13), 6900-6914.
16. Mackevica, A., Skjolding, L. M., Gergs, A., Palmqvist, A., & Baun, A. (2015). Toxicidade crónica de nanopartículas de prata para *Daphnia magna* em diferentes condições de alimentação. *Aquatic Toxicology*, 161, 10-16.

17. Miao, A. J., Schwehr, K. A., Xu, C., Zhang, S. J., Luo, Z., Quigg, A., & Santschi, P. H. (2009). Toxicidade algal de nanopartículas de prata e desintoxicação por substâncias exopoliméricas. *Environmental Pollution*, 157(11), 3034-3041.
18. Nantaphol, S., Chailapakul, O., & Siangproh, W. (2015). Um novo dispositivo baseado em papel acoplado a um eletrodo de diamante modificado com nanopartículas de prata e dopado com boro para deteção de colesterol. *Analytica chimica ata*, *891*, 136-143.
19. Navarro, E., Piccapietra, F., Wagner, B., Marconi, F., Kaegi, R., Odzak, N., & Behra, R. (2008). Toxicidade de nanopartículas de prata para *Chlamydomonas reinhardtii*. *Environmental Science & Technology*, 42(23), 8959-8964.
20. Oliveira, E., Nunez, C., Santos, H. M., Fernandez-Lodeiro, J., Fernandez-Lodeiro, A., Capelo, J. L., & Lodeiro, C. (2015). Revisitando o uso de nanopartículas funcionalizadas de ouro e prata como quimiossensores colorimétricos e fluorométricos para íons metálicos. *Sensores e Actuadores B: Químicos*, *212*, 297-328.
21. Oukarroum A, Bras S, Perreault F, Popovic R. (2012). Efeitos inibitórios de nanopartículas de prata em duas algas verdes, *Chlorella vulgaris* e *Dunaliella tertiolecta*. *Ecotoxicologia e Segurança Ambiental*, 78, 80-85.
22. Oukarroum, A., Polchtchikov, S., Perreault, F., & Popovic, R. (2012). Influência da temperatura no efeito inibitório das nanopartículas de prata na fotoquímica do fotossistema II em
duas algas verdes, *Chlorella vulgaris* e *Dunaliella tertiolecta*. *Environmental Science and Pollution Research*, 19(5), 1755-1762.
23. Perreault, F., Melegari, S.P., Fuzinatto, C.F., Bogdan, N., Morin, M., Popovic, R., Matias, W.G. (2012). Toxicidade de nanopartículas de ouro revestidas com PAMAM em diferentes modelos de célula única. *Toxicologia Ambiental*. DOI: 10.1002/tox.21761.
24. Piccapietra, F., Allue, C. Gt, Sigg, L., & Behra, R. (2012). Acumulação intracelular de prata em *Chlamydomonas reinhardtii* após exposição a nanopartículas de prata revestidas com carbonato e nitrato de prata. *Environmental science & technology*, 46(13), 7390-7397.
25. Rai, M., Yadav, A., & Gade, A. (2009). Silver nanoparticles as a new generation of antimicrobial agents (Nanopartículas de prata como uma nova geração de agentes antimicrobianos). *Biotechnology Advances*, 27(1), 76-83.
26. Renault, S., Baudrimont, M., Mesmer-Dudons, N., Gonzalez, P., Mornet, S., Brisson, A. (2008). Efeitos da exposição a nanopartículas de ouro em duas espécies de água doce: uma alga fitoplanctónica (*Scenedesmus subspicatus*) e um mexilhão bentónico (*Corbicula fluminea*). *Boletim do Ouro*, 41, 116-126.
27. Riley, R. S., & Day, E. S. (2017). Terapia fototérmica mediada por nanopartículas de ouro □: aplicações e oportunidades para o tratamento multimodal do câncer. *Revisões interdisciplinares de Wiley: Nanomedicina e Nanobiotecnologia*, 9(4).
28. Schuemann, J., Berbeco, R., Chithrani, D. B., Cho, S. H., Kumar, R., McMahon, S. J., & Krishnan, S. (2016). Roteiro para uso clínico de nanopartículas de ouro para sensibilização à radiação.

Capítulo 3

EFEITOS DOS ÓXIDOS METÁLICOS PRODUZIDOS FOTOCATALITICAMENTE SOBRE AS ALGAS

- Introdução

As nanopartículas de óxido de zinco e as nanopartículas de dióxido de titânio são conhecidas pela sua atividade fotocatalítica. Isto significa que têm a capacidade de alterar a velocidade de uma reação como catalisador na presença de luz. Devido à sua atividade fotocatalítica e ao seu tamanho nano, são frequentemente utilizadas em protectores solares ou cosméticos. Já na fase inicial de 2003-2004, a proporção de nanopartículas de óxido de zinco e nanopartículas de dióxido de titânio como filtros UV (Manzo *et al.* 2013) na produção internacional de protectores solares foi estimada em cerca de 1000 toneladas (Borm *et. al.* 2006). Concluiu-se também que, devido à utilização intensiva destes produtos, uma média de 25 % dos protectores solares é lavada durante a imersão (Danovaro *et al.* 2008). Como resultado, cerca de 250 toneladas de protectores solares constituídos por nanopartículas de óxido de zinco e dióxido de titânio acabam em massas de água (Wong *et al.* 2010) e representam uma séria ameaça para o nosso ambiente (Bakeretal, 2013). São também utilizadas na produção de pigmentos (Ma *et al.* 2013), aditivos alimentares, sensores (Meulenkamp 1998) e semicondutores. As nanopartículas de dióxido de titânio são também utilizadas no tratamento de água (Wang *et al.* 2008) e no fabrico de células solares (Usui *et al.* 2004). As nanopartículas de zinco são potencialmente utilizadas na reparação da poluição ambiental (Hoffmann *et al.* 1995). Esta utilização alargada precisa de ser avaliada, a fim de avaliar o impacto futuro no ambiente. No entanto, diferentes grupos de investigação estão a trabalhar com diferentes testes de toxicidade e a tentar tirar conclusões sobre a nanotoxicidade e os seus mecanismos subjacentes (Menard *et al.* 2011).

- Efeitos de nanopartículas fotocatalíticas de óxidos metálicos em algas
Dióxido de titânio

O dióxido de titânio ($TiO2$) é a NP de óxido metálico mais utilizada e também o primeiro nanomaterial facilmente disponível para vários fins de investigação. Rutilo, anatase e brookite são as formas cristalinas mais comuns utilizadas para vários fins comerciais, incluindo revestimentos de superfícies, protectores solares tropicais, díodos emissores de luz, sprays desinfectantes, etc. A aplicação em massa de TiO2 obrigou muitos investigadores a investigar os efeitos da sua eliminação na natureza. (Hund-Rinke e Simon 2006) relataram a toxicidade das nanopartículas de TiO2 para *daphnia* e algas verdes (*Desmodesmus subspicatus*). Os resultados demonstram a inibição do crescimento das algas e a imobilização das *dáfnias* sob o stress das nanopartículas de TiO2. O estudo mostrou que diferentes tamanhos e formas cristalinas conduziram a diferentes resultados de toxicidade. A ecotoxicologia das NPs depende também dos organismos de ensaio e da sua fisiologia. Num outro estudo (Warheit *et al.* 2007), foi encontrada uma correlação eficaz entre a área específica das NPs de TiO2 e a sua concentração em *Pseudokirchneriella subcapitata*. Os resultados mostraram que o aumento da área de superfície é inversamente proporcional à toxicidade. [2-12-1]As partículas com uma área de superfície específica de 5,8 m g foram consideradas mais tóxicas do que as partículas com uma área de superfície específica de 288 m g . No entanto, Blaise *et al.* (2008) verificaram que as partículas com um diâmetro inferior a 100 nm não são de todo tóxicas após a filtração. Foram registados valores EC50 e LC50 extremamente diferentes após 72 horas de tratamento de NPs de TiO2 em *Pseudokirchneriella subcapitata*. Aruoja *et al.* 2009 efectuou um estudo comparativo do volume e da nanoforma de três óxidos metálicos diferentes, zinco, cobre e titânio, em *Pseudokirchneriella subcapitata*. No caso das NPs de TiO2, verificou-se que a nanoforma era mais tóxica e que a agregação das NPs desempenhava um papel importante na causa da toxicidade. (Sharma *et al.* 2009) investigaram a agregação no que respeita à toxicidade das NPs de TiO2

As NPs concluíram que a toxicidade é influenciada pelo pH, pela composição iónica e pela força iónica. (Hund-Rinke *et al.* 2010) referiram que o método utilizado para preparar dispersões de NPs também afectava a toxicidade quando se trabalhava com a mesma espécie de alga *Pseudokirchneriella subcapitata*. O estudo constatou que diferentes combinações de agitação e tempos ultra-sónicos resultaram em diferentes níveis de toxicidade. Os resultados mostraram que a agitação a longo prazo parece reduzir os níveis de toxicidade. No caso das NPs de TiO2, não foram encontrados métodos de filtragem recomendados. As alterações na área de superfície devido à aglomeração desempenham um papel importante na interpretação da relação entre a área de superfície e a toxicidade. Mais tarde (Keller *et al.* 2010) tentaram compreender a interação das partículas em diferentes meios de absorção. Uma vez que a toxicidade das NPs é fortemente influenciada pela composição das matrizes aquáticas. A dispersão de NPs foi efectuada em oito meios aquosos diferentes associados a amostras de água do mar, lagoas, rios e águas subterrâneas. Foram avaliadas propriedades como a sua mobilidade electroforética, estado de agregação e taxa de sedimentação. Os resultados mostraram que a mobilidade electroforética é dominante na presença de matéria orgânica natural. Parece que a matéria orgânica natural adsorve as NPs e reduz significativamente a sua agregação, estabilizando-as em muitas condições. Por conseguinte, as condições do sumidouro ambiental têm de ser cuidadosamente compreendidas aquando do desenvolvimento e da interpretação de questões toxicológicas. (Metzler *et al.* 2011) também trabalharam com *Pseudokirchneriella subcapitata* e sugeriram que a concentração em números pode ser mais relevante para a interpretação da toxicidade. Foi relatado que as partículas com um tamanho de 4-30 nm causam os efeitos mais adversos. As imagens confocais obtidas após a coloração do ADN mostram danos na cobertura da superfície e peroxidação lipídica nas células das algas. (Ji *et al.* 2011) avaliaram a toxicidade das NPs de óxido em *Chlorella* sp. e indicaram que as NPs de TiO2 (tipo DJ3, rutilo) não tinham efeitos tóxicos notáveis em comparação com as suas contrapartes a granel, enquanto outra forma do mesmo óxido metálico TiO2 (tipo HR3, anatase) na sua nanoforma causava maior toxicidade para as algas do que as suas contrapartes a granel. Mais tarde, (Lin *et al.* 2012) investigaram os efeitos das NPs de TiO2 em *Chlorella vulgaris* sob a influência de ácido húmico dissolvido e ligado à superfície. Os resultados mostraram que tanto o ácido húmico dissolvido como o ligado à superfície não favoreceram a adesão das NPs de TiO2 às células das algas devido ao aumento da repulsão eletrostática. A formação de espécies reactivas de oxigénio é também inibida em ambos os casos. [-1]No entanto, na presença de ácido húmico dissolvido, o crescimento das algas foi inibido, tendo sido observados valores de IC50 de 4,5 e 8,4 mgL de NPs de TiO2. Do mesmo modo, as NPs de TiO2 apresentaram uma toxicidade significativa na presença de ácido húmico dissolvido e ligado à superfície. (Chen *et al.* 2012), trabalhando com *Chlamydomonas reinhardtii*, relataram a supressão de actividades fisiológicas que conduzem a danos sob o stress das NPs de TiO2. No estudo, foi observada uma diminuição significativa da clorofila, da síntese de novas proteínas e da peroxidação lipídica. (Minetto *et al.* 2014) discutiram a complexidade do cenário real de exposição. Os resultados mostram que é necessário desenvolver protocolos específicos para testes de toxicidade com ENPs para controlar a variabilidade das condições experimentais e, finalmente, foram propostas algumas recomendações para futuras actividades experimentais. (Dalai *et al.* 2014) mediram os efeitos prováveis do TiO2-NP (TiO2) e do dióxido de alumínio-NP (Al2O3) na toxicidade do Cr(VI) para a alga de água doce *Scenedesmus obliquus*. [-1]$_2$Na presença de 0,05 (igmL n-TiO , a toxicidade do Cr(VI) diminuiu significativamente, presumivelmente devido à adsorção do Cr(VI) na superfície da NP, levando à sua agregação e precipitação. $_2$[-1]O aumento das concentrações de n-TiO (0,5 e 1 (igmL) não teve qualquer efeito sobre a biodisponibilidade do Cr(VI). No entanto, foi observada uma toxicidade dependente da dose de Cr(VI). Por outro lado, o n-Al2O3 não teve efeito significativo na toxicidade do Cr(VI). A formação de espécies reactivas de oxigénio (ROS) indicou uma contribuição do stress oxidativo para a toxicidade, e a libertação de LDH confirmou a permeabilidade da membrana das células de algas sob stress. Na presença das toxinas binárias, as alterações morfológicas nas células de algas foram evidentes a partir de observações microscópicas. (Ishwarya *et al.* 2015) investigaram o efeito combinado em *Chlorella* sp. *de água doce* e concluíram que as diferentes formas cristalinas do mesmo óxido metálico produzem diferentes níveis de stress oxidativo na mesma espécie. (Nicolas *et al.* 2016) trabalharam com a alga verde *Pseudokirchneriella subcapitata* e concluíram que a interação das células das algas com as NPs é influenciada pela superfície da NP. Da mesma forma, (Hazeem *et al.* 2016) trabalharam com a alga *Picochlorum sp.* e destacaram os aspectos potenciais das algas marinhas como ferramenta para biorremediação. Concluíram que a combinação de NPs de óxido de zinco e titânio poderia ter efeitos prejudiciais sobre as algas numa fase inicial, mas estes óxidos metálicos não mostraram efeitos negativos quando aplicados individualmente. No entanto, (Wang *et al.* 2016) verificaram a forte inibição do crescimento de outra alga marinha, *Pheodactylum tricornutum*, sob o stress de NP de TiO2. Curiosamente, os efeitos crónicos foram medidos nas 24 horas seguintes à exposição. O estudo mostrou que tanto o tempo de exposição como a concentração da dose foram os atributos mais importantes no desencadeamento da toxicidade. (Roy *et al.* 2016) comparou o efeito de P25 TiO2 NP em duas espécies de algas verdes, *Chlorella* e *Scenedesmus*. Os resultados mostraram que *Chlorella* é mais sensível do que *Scenedesmus*. A inativação de enzimas antioxidantes e a formação de espécies reactivas de oxigénio foram evidentes nas condições de tratamento. Em termos de comprimento de onda, verificou-se que os UVA são mais letais para as algas do que os UVB e as condições de escuridão. O estudo concluiu que, no caso das NPs de óxidos metálicos fotocatalíticos, a luz também desempenha um papel importante na atribuição de efeitos tóxicos. Recentemente, (Minetto *et al.* 2017) realizaram um estudo comparativo entre TiO2 e TiCl4 na alga *Phaeodactylum tricornutum* e no crustáceo *Artemia franciscana*. Curiosamente, os resultados foram contraditórios em ambos os casos. O TiCl4 foi considerado mais nocivo para as algas, enquanto os crustáceos foram mais afectados pelo TiO2. Embora o TiO2 tenha maior toxicidade do que o TiCl4 nas algas a concentrações mais baixas.

Para além das algas verdes, poucos estudos relataram os efeitos das NPs de TiO2 noutros grupos de algas, tais como (Cherchi e Gu 2010) que trabalharam com uma estirpe de cianofíceas e demonstraram que a libertação de NPs de TiO2 no ecossistema aquático inibiu tanto a taxa de crescimento (EC50 após 92 h a 0,62 mgL-1) como a atividade de fixação de azoto (EC5 após 92 h a 0,4 mgL-1) em *Anabaena variabilis*. O estudo sugere também que as proteínas de cianofícea grana (CGPs) podem desempenhar um papel importante no mecanismo de resposta ao stress após exposição a TiO NPs. Isto pode ter implicações nos processos biogeoquímicos, como o ciclo do carbono e do azoto. A lei de Hom foi utilizada como um modelo de inativação para avaliar a inibição dependente da concentração e do tempo do crescimento e da atividade de fixação de azoto durante o tratamento em *Anabaena variabilis*. (Cherchi *et al.* 2011) investigaram o efeito das NPs de TiO em *Anabaena variabilis*. A exposição a NPs induziu respostas de stress reconhecidas, incluindo a produção de espécies reactivas de oxigénio (ROS), o aparecimento e o aumento da frequência de inclusões de membrana cristalina, a formação de camadas de lodo de membrana, a abertura de espaços intratilacoidais e a destruição da membrana plasmática interna. Um aumento da concentração da dose e do tempo de exposição leva a um aumento da produção de espécies reactivas totais de oxigénio nas células *de Anabaena* variabilis. As alterações das propriedades morfológicas e mecânicas foram claramente evidentes, como o demonstra o aumento da rugosidade da superfície celular e a deslocação das plumas celulares por análise de microscopia de força atómica. É o primeiro estudo a demonstrar as possibilidades de internalização de TiO NPs através de membranas multicamadas em células de algas e confirmado por imagens TEM e Raman. (Okupnik *et al.* 2015) investigaram a adsorção de uma toxina de cianobactéria, a microcistina-LR, em NPs de TiO2 com diferentes fases cristalinas (anatase, rutilo, mistura anatase-rutilo) em solução aquosa. Os resultados mostraram os efeitos tóxicos sobre a estirpe de cianobactérias devido às propriedades de dissolução das NPs. (Xia *et al.* 2015) investigaram a toxicidade das NPs de TiO para a microalga marinha *Nitzschia closterium*. Os resultados mostraram que a toxicidade das partículas de TiO para as células de algas aumentou significativamente com a diminuição do tamanho nominal das partículas. A taxa de crescimento foi significativamente inibida quando as algas foram expostas a 5 mgL de NPs de TiO2 (21 nm). A depleção de enzimas antioxidantes com um aumento concomitante dos níveis de malondialdeído (MDA) e de espécies reactivas de oxigénio (ROS) constituiu uma ameaça para a integridade da membrana. O nível de ROS extracelular induzido pelas NPs de TiO2 sob luz visível foi insignificante em comparação com o conteúdo de ROS intracelular. Estes resultados sugerem que o aumento da nanotoxicidade do TiO2 no ambiente marinho está relacionado com níveis elevados de ROS causados pela internalização das NPs de TiO2.

A medição ecotoxicológica parece ser uma tarefa complicada. Para resolver o problema, é necessário adotar uma abordagem multidisciplinar que aborde o problema ao mesmo nível. No caso das NPs de TiO2, as algas de água doce são mais sensíveis do que as algas marinhas. Sem dúvida, a luz é o fator mais importante no caso das NPs de TiO2, uma vez que são fotocatalíticas por natureza. 2Sob radiação UVA e UVB, estas NPs TiO são mais tóxicas do que na gama visível. Um outro parâmetro importante é a duração da exposição em 24 horas, uma vez que esta tem um efeito mais prejudicial sobre as actividades fisiológicas das algas, que abrandam mais tarde. 2A geração de ROS é um sinal de uma resposta precoce ao stress nas NPs TiO devido à sua internalização nas células das algas.

Óxido de zinco

O óxido de zinco (ZnO) contribui para uma vasta gama de aplicações devido à sua estrutura de wurtzite. Atualmente, o zinco em nanoformas é muito procurado devido às suas propriedades catalíticas, optoelectrónicas e antimicrobianas em pigmentos, tintas, vidro cerâmico, lubrificantes, baterias, biorremediação, retardadores de chama, etc., sem que se tenha consciência do seu impacto no ambiente. Para avaliar o impacto, (Franklin *et al.* 2007) compararam a toxicidade das nanopartículas de ZnO com a sua forma em massa. Os resultados mostraram que a nanoforma é mais tóxica do que a forma bruta. A maior área de superfície no caso da nanoforma contribui para uma maior toxicidade. (Gottschalk *et al.* 2009) investigaram as concentrações ambientais modeladas de nanomateriais artificiais (TiO2, ZnO, Ag, CNT, fulerenos) em diferentes regiões, indicando riscos para os organismos aquáticos. O estudo calculou as concentrações ambientais previstas com base numa análise do fluxo de materiais na perspetiva do ciclo de vida dos produtos que contêm nanomateriais artificiais. O estudo indica riscos para os organismos aquáticos decorrentes das nanoformas de Ag, TiO2 e ZnO atualmente emitidas pelos efluentes do tratamento de águas residuais em todas as áreas consideradas. (Aruoja *et al.* 2009) apresentaram um relatório sobre a toxicidade das NPs de CuO, ZnO e TiO2 para a microalga *Pseudokirchneriella subcapitata* e concluíram que as NPs de ZnO são mais tóxicas do que as nano-CuO ou nano-TiO2. O estudo mostrou que a solubilidade é um fator importante na toxicidade das NPs contendo metais. $^{-1-1-1-1}$As NPs de TiO2 a granel (EC50 = 35 mgL) e as NPs de óxido cuproso (EC50 = 11,55 mgL) foram menos tóxicas do que as suas nano formulações, o que foi observado no caso das NPs de TiO2 (EC50 = 5,83 mgL) e no caso das NPs de CuO (EC50 = 0,71 mgL). O efeito de sombreamento das NPs não foi responsável pela toxicidade global. A toxicidade das NPs de ZnO e das NPs de CuO deve-se exclusivamente à solubilização de iões metálicos. (Miller *et al.* 2010) testaram os efeitos de duas NPs de óxidos metálicos, NPs de TiO2 e NPs de ZnO, em quatro espécies de fitoplâncton, nomeadamente *Thalassiosira pseudonana, Skeletonema marinoi, Dunaliella tertiolecta* e *Isochyris galbana*. Os resultados mostraram que as NPs de TiO2 não tiveram qualquer efeito mensurável nas taxas de crescimento das espécies. Em contrapartida, as NPs de ZnO reduziram significativamente a taxa de crescimento de todas as espécies de fitoplâncton. A dissolução, a libertação e a absorção de iões de zinco livres causaram toxicidade para o fitoplâncton. A taxonomia dos organismos e o tipo de partículas parecem desempenhar um papel importante na toxicidade das NP. (Petosa *et al.* 2010) concluíram que as propriedades das NPs, como a agregação e a deposição, determinam o seu potencial de transporte, pelo que é necessário caraterizar estes fenómenos com precisão. As interações partícula-partícula e partícula-superfície foram avaliadas durante o estudo através de equações essenciais juntamente com as constantes de Heumacher para NPs específicas. Além disso, (Ji *et al.* 2011) avaliaram a toxicidade das NPs de óxido em *Chlorella* sp. e relataram que as NPs de Al2O3, SiO2 e TiO2 (tipo DJ3, rutilo) não tinham efeitos tóxicos notáveis, mas o nano-TiO2 (tipo HR3, anatase) e o nano-ZnO na sua forma nanométrica eram mais tóxicos para as algas do que os seus homólogos a granel. [+] Outro aspeto importante foi o facto de a toxicidade do nano-ZnO não poder ser explicada apenas pelo efeito de sombreamento e pelo ião Zn libertado. Foram observados grandes agregados de nano-ZnO e HR3 envolvendo as células das algas. O efeito de sombreamento do nano-ZnO e do HR3 também não parece contribuir para a toxicidade. (Peng *et al.* 2011) investigaram o efeito das NPs de óxido de zinco nas diatomáceas marinhas *Thalassioria pseudonana, Chaetoceros gracilis* e *Phaeodactylum tricornutum*. Verificou-se que a taxa de crescimento das diatomáceas era afetada negativamente pela morfologia e concentração das partículas. Verificou-se que o crescimento de *Thalassioria pseudonana* e *Chaetoceros gracilis* foi completamente suprimido, enquanto *Phaeodactylum tricornutum* foi menos afetado. (Manzo *et al.* 2013) investigaram os efeitos tóxicos das NPs de ZnO em *Dunaliella tertiolecta* e descobriram que o nano-ZnO era significativamente mais tóxico do que a sua contraparte a granel. Este estudo também mostrou que esta toxicidade não se deve exclusivamente ao efeito tóxico dos iões metálicos de zinco. [-1] Outro estudo efectuado por (Gunawan *et al.* 2013) sobre a microalga verde *Chlamydomonas reinhardtii* indicou que, apesar da sensibilidade, o zinco não induz a formação de EROs celulares, mesmo quando exposto a 100 mgL de ZnO NP. No caso do TiO2, contudo, a internalização celular do TiO2 sólido estimula a formação de EROs celulares como uma resposta precoce ao stress. (Lee *et al.* 2013) investigaram os efeitos de NPs de zinco e NPs de titânio fotoactivadas sob radiação UVA e UVB. Os resultados não revelaram efeitos de toxicidade acrescidos sob as radiações. No entanto, o crescimento das algas foi afetado, mas até agora não foram encontradas diferenças significativas entre os raios e a luz solar. A razão para os resultados é atribuída à atividade fotocatalítica das NPs. (Aravantinou *et al.* 2015) investigaram o efeito das NPs de ZnO nas *espécies* de água doce *Chlorococcum spp.* e *Scenedesmus rubescens*, *Dunaliella tertiolecta* e *Tetraselmis suesica*, nos seus respectivos meios. Os resultados mostraram que as espécies marinhas são mais sensíveis do que as espécies de água doce, como indicado pelos valores da concentração inibitória média (IC50). As NPs de ZnO parecem ter efeitos tóxicos em todas as espécies testadas, dependendo do tipo de espécie, do tempo de exposição, da concentração de NP e, principalmente, do meio de cultura. A nanoforma demonstrou ser mais tóxica, uma vez que tem uma maior área de superfície em relação ao volume disponível para interação com as células das algas. Além disso, no caso das NPs de zinco, a dissolução desempenha o papel principal na causa dos efeitos tóxicos. A atividade fotocatalítica não parece causar níveis tóxicos diferentes dos da NP de TiO2 sob as diferentes radiações.

Quadro 3.1: Caracterização nanoecotoxicológica das nanopartículas fotocatalíticas

S.no.	NPs	Tested algal species	Characterization of Nanotoxicology	Reference / year
1.	TiO₂	*Desmodesmus Subspicatus*	Difference in size and crystalline forms contribute different toxicity results.	Hund-Rinke and Simon, 2006
2.	TiO₂	*Pseudokirchneriella Subcapitata*	Surface area was inversely proportional to the toxicity	Warheit *et al.* 2007
3.	ZnO2	*Pseudokirchneriella subcapitata*	Nano form provides much surface area than bulk responsible for toxicity	Franklin *et al.*2007
4.	TiO₂	*Pseudokirchneriella Subcapitata*	Nano form is more toxic	Blaise *et al.* 2008
5.	TiO₂ ZnO CuO	*Pseudokirchneriella subcapitata*	Nanoparticle aggregation play a significant role in imparting toxicity in case of titanium dioxide whereas in case of zinc and copper nano forms dissolution of metal ions is responsible for toxicity	Aruoja *et al.*2009
6.	TiO₂	*Anabaena variabilis*	Dose concentration and exposure time influence the toxicity levels	Cherchi and Gu, 2010
7.	TiO₂	*Isochrysis galbana, Thalassiosira pseudonana Dunaliella tertiolecta, Skeletonema costatum*	Organism taxonomy and particle type suggested to be play important role in nanoparticle toxicity.	Miller *et al.* 2010
8.	TiO₂	*Pseudokirchneriella subcapitata*	Preparing nanoparticles dispersions also influenced its toxicity	Hund-Rinke *et al.* 2010
9.	TiO₂	*Anabaena variabilis*	Exposure time and	Cherchi *et al.* 2011

			concentration dose is affecting factors in case of toxicity	
10	TiO₂	*Pseudokirchneriella subcapitata*	Concentration in number might be more relevant for interpreting the toxicity	Metzler *et al.* 2011
11	TiO₂	*Chorella sp.*	Shading effect didn't seem to play a role in imparting toxicity	Ji *et al.* 2011
12	ZnO	*Thalassiosira pseudonana Chaetoceros gracilis phaeodactylum tricornutum*	Particle morphology and concentration play important role in encouraging toxicity	Peng *et al.* 2011
13	TiO₂	*Chlorella sp.*	Natural organic matter also influence the toxicological impact	Lin *et al.* 2012
14	TiO₂	*Chlamydomonas reinhardtii*	Nano form is toxic	Chen *et al.* 2012
15	TiO₂	*Thalassiosira pseudonana, Skeletonema marinoi, Dunaliella tertiolecta Isochyris galbana.*	Dissolution, release and uptake of free zinc ions imparted the toxicity whereas titanium has less deleterious effects than zinc	Miller *et al.* 2012
16	ZnO	*Dunaliellla tertiolecta*	Bulk counterpart of same metal oxide is less toxic than its nano form	Manzo *et al.* 2013
17	ZnO TiO₂		In cease of photocatalytic nanoparticle lights plays a key role in imparting toxicity	Lee *et al.* 2013
18	TiO₂ ZnO	*Chlamydomonas reinhardtii*	Stress inducing pattern is particular for every metal oxide nanoparticle with the same testing organism	Gunawan *et al.* 2013

19	TiO$_2$	*Nitzschia closterium*	Smaller particle size imparts more toxicity	Xia *et al.* 2015
20	TiO$_2$ Al$_2$O$_4$ Along with Cr($\square$)	*Scenedesmus obliquus*	Toxicity is dose dependent	Dalai *et al.* 2014
21	TiO$_2$	*Chlorella sp.*	Change in crystalline contribute different toxic levels.	Iswarya *et al.* 2015
22	ZnO	*Chlorococcum spp.* *Scenedesmus rubescens* *Dunaliella tertiolecta,* *Tetraselmis suesica*	Exposure time, concentration and medium using while experiments play remarkable role in inducing toxicity	Aravantinou *et al.* 2015
23	TiO$_2$ ZnO	*Picochlorum sp*	Different toxic levels were observed when two different nanoparticles were used separately or in combination	Hazeem *et al.* 2016
24	TiO$_2$	*Pheodactylum tricornutum*	Dose concentration and exposure of time play important role in imparting toxicity	Wang *et al.* 2016
25	TiO$_2$	*Pseudokirchneriella subcapitata*	Large surface area in nano form is responsible for toxicity	Nikolas *et al.* 2016
26	TiO$_2$	*Chlorella sp.* *Senedesmus sp.*	Light plays a significant role in case of photocatlytic nanoparticles	Roy *et al.* 2016
27	Carbon coated copper NP	*Chlamydomonas reinhardtii*	Free Cu^{+2} ion dissolution is responsible in inducing toxicity	Muller *et al.* 2016

REFERÊNCIAS

1. Aravantinou, A. F., Tsarpali, V., Dailianis, S., & Manariotis, I. D. (2015). Efeito do meio de cultivo na toxicidade das nanopartículas de ZnO para microalgas marinhas e de água doce. *Ecotoxicologia e segurança ambiental*, 114, 109-116.

2. Aruoja, V., Dubourguier, H.C., Kasemets, K., Kahru, A. (2009). Toxicidade de nanopartículas de CuO, ZnO e TiO2 para a microalga *Pseudokirchneriella subcapitata*. *Science of The Total Environment*, 407, 1461-1468.

3. Baker, T.J., Tyler, C.R., Galloway, T.S. (2013). Efeitos de nanopartículas de metal e óxido de metal em organismos marinhos. *Poluição Ambiental*. 186, 257- 271.

4. Blaise, C., Gagne, F., Ferard, J.F., Eullaffroy, P (2008). Ecotoxicidade de nanomateriais selecionados para organismos aquáticos. *Toxicologia Ambiental*. 23(5), 591-598. doi: 10.1002/tox.20402.

5. Borm, P., Klaessig, F.C., Landry, T.D., Moudgil, B., Pauluhn, J., Thomas, K., Trottier, R., Woods, S. (2006). Estratégias de investigação para a avaliação da segurança dos nanomateriais, Parte V: Papel da dissolução no destino biológico e efeitos das partículas em nanoescala. *Ciências Toxicológicas*. 90, 23-32.

6. Chen, L., Zhou, L., Liu, Y., Deng, S., Wu, H., & Wang, G (2012). $_2$Efeitos toxicológicos do dióxido de titânio nanométrico (nano-TiO) em *Chlamydomonas reinhardtii*. *Ecotoxicologia e segurança ambiental*, 84, 155-162.

7. Cherchi, C., Gu, A.Z. (2010). Efeitos dos nanomateriais de dióxido de titânio na taxa de fixação de azoto e no armazenamento intracelular de azoto em *Anabaena variabilis*. *Ciência e Tecnologia Ambiental*. 44, 8302-8307.

8. Cherchi, C., Chernenko, T., Diem, M., & Gu, A. Z. (2011). Efeitos da exposição ao dióxido de nano-titânio na estrutura celular de *Anabaena variabilis* e deteção de Internalização. *Toxicologia e Química Ambiental*, 30(4), 861-869.

9. Dalai, S., Pakrashi, S., Bhuvaneshwari, M., Iswarya, V., Chandrasekaran, N., & Mukherjee, A. (2014). Efeito tóxico do Cr (VI) na presença de partículas de n-TiO2 e n-Al2O3 em microalgas de água doce. *Aquatic Toxicology*, 146, 28-37.

10. Danovaro, R., Bongiorni, L., Corinaldesi, C., Giovannelli, D., Damiani, E., Astolfi, P., Greci, L., Pusceddu, A. (2008). Os protectores solares causam o branqueamento dos corais ao promover infecções virais. *Environmental Health Perspectives*. 116, 441-447.

11. Franklin, N. M., Rogers, N. J., Apte, S. C., Batley, G. E., Gadd, G. E., & Casey, P. S. (2007). Comparative toxicity of nanoparticulate ZnO, bulk ZnO and ZnCl2 to a freshwater microalga (*Pseudokirchneriella subcapitata*): the importance of particle solubility. *Environmental Science & Technology*, 41(24), 8484-8490.

12. Gottschalk, F., Sonderer, T., Scholz, R.W., Nowack, B. Modelação de concentrações ambientais de nanomateriais artificiais (TiO2, ZnO, Ag, CNT, Fullerenes) para diferentes regiões. *Environment Science & Technology*, 2009;43, 9216-9222. doi: 10.1021/es9015553.

13. Gunawan, C., Sirimanoonphan, A., Teoh, W.Y., Marquis, C.P., Amal, R. (2013). Submicron e nanoformulações de dióxido de titânio e óxido de zinco estimulam respostas toxicológicas celulares únicas na microalga verde *Chlamydomonas reinhardtii*. *Journal of Hazardous Materials*, 260, 984-992.

14. Hazeem, L. J., Bououdina, M., Rashdan, S., Brunet, L., Slomianny, C., & Boukherroub, R. (2016). Efeito cumulativo de nanopartículas de óxido de zinco e óxido de titânio no crescimento e teor de clorofila a de *Picochlorum* sp. *Environmental Science and Pollution Research*, 23(3), 2821-2830.

15. Hoffmann, M.R., Martin, S.T., Choi, W., Bahnemann, D.W. (1995). Environmental applications of semiconductor photocatalysis (Aplicações ambientais da fotocatálise de semicondutores). *Chemical Reviews. 95, 69-96.*

16. Hund-Rinke, K., Schlich, K., Wenzel, A. (2010). Nanopartículas de TiO2 - correlação entre

o método de preparação da dispersão e a ecotoxicidade no teste de crescimento de algas. *Umweltwiss Schadst Forsch*, 22, 517-528.

17. Hund-Rinke, K., & Simon, M. (2006). Efeitos ecotóxicos de nanopartículas fotocataliticamente activas (TiO2) em algas e daphnids. *Environmental Science and Pollution Research*. 13, 225-232.

18. Iswarya, V., Bhuvaneshwari, M., Alex, S. A., Iyer, S., Chaudhuri, G., Chandrasekaran, P. T. Bhalerao, G. M., Chakravarty, S., Raichur, A. M., Chandrasekaran, N., & Mukherjee, A. (2015). Toxicidade combinada de duas fases cristalinas (anatase e rutilo) de nanopartículas de dióxido de titânio para microalgas de água doce: Chlorella sp. *Aquatic Toxicology*, 161, 154-169.

19. Ji J, Long Z, Lin D. (2011). Toxicidade das nanopartículas de óxido para a alga verde *Chlorella* sp. *Chemical Engineering Journal*, 170, 525-530.

20. Keller, A. A., Wang, H., Zhou, D., Lenihan, H. S., Cherr, G., Cardinale, B. J., & Ji, Z. (2010). Estabilidade e agregação de nanopartículas de óxido de metal em matrizes aquosas naturais. *Environmental science & technology*, 44(6), 1962-1967.

21. Lee, W. M., & An, Y. J. (2013). Efeitos de nanopartículas de óxido de zinco e dióxido de titânio em algas verdes sob irradiações visíveis, UVA e UVB: nenhuma evidência de toxicidade aumentada de algas sob pré-irradiação UV. *Chemosphere*, 91(4), 536-544.

22. Lin, D., Ji, J., Long, Z., Yang, K., & Wu, F. (2012). A influência do ácido húmico dissolvido e ligado à superfície na toxicidade das nanopartículas de TiO2 para Chlorella sp. *Pesquisa de água*, 46 (14), 4477-4487.

23. Ma, H., Williams, P.L., Diamond, S.A. (2013) Ecotoxicidade das nanopartículas de ZnO fabricadas - uma revisão. *Environmental Pollution*. 172, 76-85.

24. Manzo, S., Miglietta, M.L., Rametta, G., Buono, S., Francia, G.D. (2013). Efeitos tóxicos das nanopartículas de ZnO na alga marinha *Dunaliella tertiolecta*. *Ciência do Ambiente Total*, 445-446, 371-376.

25. Menard, A., Drobne, D., Jemec, A. (2011). Ecotoxicidade do TiO2 de tamanho nano: revisão dos dados in vivo. *Environmental Pollution*. 159, 677-684.

26. Metzler, D.M., Li, M., Erdem, A., & Huang, C.P. (2011). Respostas de algas a partículas fotocatalíticas de nano-TiO2 com ênfase no efeito do tamanho das partículas. *Chemical Engineering Journal*, 170(2), 538-546.

27. Meulenkamp, E.A. (1998). Síntese e crescimento de nanopartículas de ZnO. *O Jornal de Química Física. B* 102, 5566-5572.

28. Miller, R. J., Lenihan, H. S., Muller, E. B., Tseng, N., Hanna, S. K., & Keller, A. A. (2010). Efeitos das nanopartículas de óxido de metal no fitoplâncton marinho. *Environmental science & technology*, 44(19), 7329-7334.

29. Minetto, D., Libralato, G., & Ghirardini, A. V. (2014). Ecotoxicidade de nanopartículas de TiO2 projetadas para organismos de água salgada: uma visão geral. *Ambiente internacional*, 66, 18-27.

30. Minetto, D., Libralato, G., Marcomini, A., & Ghirardini, A. V. (2017). Possíveis efeitos de nanopartículas de TiO2 e TiCl4 em água salgada em *Phaeodactylum tricornutum* e *Artemia franciscana*. *Science of The Total Environment*, 579, 1379-1386.

31. Okupnik, A., Contardo-Jara, V., & Pflugmacher, S. (2015). Papel potencial das nanopartículas projetadas como transportadoras de poluentes em ecossistemas aquáticos: Estimar a sorção
Processos da toxina cianobacteriana microcistina-LR por nanopartículas de TiO2. *Colloids and Surfaces A: Physicochemical and Engineering Aspects*, 481, 460-467.

32. Peng, X., Palma, S., Fisher, N. S., & Wong, S. S. (2011). Influência da morfologia das nanoestruturas de ZnO na sua toxicidade para as algas marinhas. *Aquatic Toxicology*, 102(3), 186-196.

33. Petosa, A. R., Jaisi, D. P., Quevedo, I. R., Elimelech, M., & Tufenkji, N. (2010). Agregação e deposição de nanomateriais artificiais no ambiente aquático: papel das interações físico-químicas. *Environmental science & technology*, 44(17), 6532-6549.

34. Roy, R., Parashar, A., Bhuvaneshwari, M., Chandrasekaran, N., & Mukherjee, A. (2016). Efeitos diferenciais das nanopartículas de TiO2 P25 em microalgas verdes de água doce: espécies de Chlorella e Scenedesmus. *Aquatic Toxicology*, 176, 161-171.
35. Sharma, V. K. (2009). Agregação e toxicidade das nanopartículas de dióxido de titânio no ambiente aquático - uma revisão. *Journal of Environmental Science and Health Part A*, 44(14), 1485-1495.
36. Usui, H., Matsui, H., Tanabe, N., Yanagida, S., (2004) Improved dye-sensitised solar cells using ionic nanocomposite gel electrolytes. *Journal of Photochemistry and Photobiology A: Chemistry*. 164, 97-101.
37. Wang, J., Jin, I., Xue, L., Qu, Y., Fu, H. (2008). Aumento da atividade das nanopartículas de TiO2 com compostos de bismuto para a degradação fotocatalítica da solução de rodamina B. *Journal of Hazardous Material*. 160, 208-212.
38. Wang, Y., Zhu, X., Lao, Y., Lv, X., Tao, Y., Huang, B., Wang, J., Zhou, J., Cai, Z. (2016). Nanopartículas de TiO2 no ambiente marinho: efeitos físicos relevantes para Toxicidade para a alga *Phaeodactylum tricornutum*. *Ciência do Ambiente Total*, 565, 818-826. doi: 10.1016/j.scitotenv.2016.03.164.
39. Warheit, D. B., Hoke, R. A., Finlay, C., Donner, E. M., Reed, K. L., & Sayes, C. M. (2007). Desenvolvimento de um conjunto básico de testes de toxicidade com partículas ultrafinas de TiO2 como componente da gestão do risco das nanopartículas. *Toxicology Letters*, 171(3), 99-110.
40. Wong, S. W. Y., Leung, P. T. Y., Djurisic, A. B., Leung, K. M. Y. (2010). Toxicidade do óxido de nano-zinco para cinco organismos marinhos: influência do tamanho do agregado e da solubilidade do ião. *Analytical andBioanalytical Chemistry*. 396, 609-618.
41. Xia, B., Chen, B., Sun, X., Qu, K., Ma, F., & Du, M. (2015). Interação de nanopartículas de TiO2 com a microalga marinha *Nitzschia closterium*: Inibição do crescimento, stress oxidativo e internalização. *Science of the Total Environment*, 508, 525-533.

Capítulo 4

EFEITO DE OUTROS ÓXIDOS METÁLICOS TÉCNICOS NAS ALGAS

◆ Introdução

Estudos demonstraram que a toxicidade das nanopartículas metálicas está diretamente relacionada com a sua química de superfície, composição química, tamanho hidrodinâmico e solubilidade em solução aquosa. As nanopartículas de óxidos metálicos são de interesse devido às suas propriedades únicas, como o aumento da reatividade devido à elevada relação superfície/volume, o potencial de absorção de luz ou as propriedades magnéticas. Os óxidos metálicos, como o óxido de cobre, são amplamente utilizados em tintas anti-incrustantes (Curtis *et al.* 2006) sob a forma de óxidos, tiocianatos ou flocos de cobre metálico. A utilização de tintas anti-incrustantes reduz o crescimento do plâncton, que é também responsável pela redução da velocidade dos barcos a motor. No entanto, isto cria uma via para a libertação de nanopartículas no ambiente aquático. Do mesmo modo, o óxido de cério é utilizado na indústria automóvel como aditivo para o gasóleo e como componente de conversores catalíticos, etc. (Van Hoecke *et al.* 2009). Desta forma, as nanopartículas são libertadas diretamente para o ambiente. A produção de produtos contendo nanopartículas até à sua decomposição no ambiente deve ser monitorizada para evitar riscos ambientais futuros. Além disso, as nanopartículas de ferro são utilizadas em grande escala para a bioremediação de poluentes no ambiente. Além disso, as nanopartículas de óxidos metálicos são utilizadas em vários domínios, como a construção, o tratamento de águas residuais, a eletrónica, a biomedicina e a engenharia. Estas são, em última análise, descarregadas nas massas de água. Esta utilização alargada pode constituir uma ameaça para o ambiente, pelo que é essencial avaliar os efeitos tóxicos destas nanopartículas. E as algas, que são os principais produtores do ecossistema aquático, poderiam ser a ferramenta de monitorização para este efeito.

◆ Efeito das nanopartículas metálicas nas algas
◆ Óxido de cobre

O óxido de cobre (CuO) NP é frequentemente utilizado como tinta anti-incrustante para combater a incrustação por ervas daninhas, lodo e algas. As suas propriedades antimicrobianas e biocidas têm tido uma vasta aplicação comercial. A sua dispersão direta no ecossistema aquático está generalizada em todo o mundo. Por conseguinte, a avaliação toxicológica é essencial. O efeito das NPs de CuO com núcleo-casca foi avaliado por (Saison *et al.* 2010). No estudo, foram observadas alterações na estrutura da população celular, na fotoquímica do fotossistema II e na formação de espécies reactivas de oxigénio em *Chlamydomonas reinharditii*. [-1]Após um tempo de exposição de 6 horas a concentrações de dose de 0,004, 0,01 e 0,02 mgL, foi observada uma alteração na população de algas. A presença de NPs de CuO com núcleo de concha induziu espécies reactivas de oxigénio, pelo que a deterioração da clorofila foi claramente visível. O aparelho fotossintético foi danificado e foi observada uma redução do fotossistema II. Sem revestimento, a mesma NP teve efeitos diferentes na fisiologia das algas. Foram as alterações morfológicas induzidas pelas NPs de CuO que mostraram efeitos toxicológicos. (Wang *et al.* 2011) investigaram os efeitos da presença de matéria orgânica dissolvida com NPs CuO em *Microcystis aeruginosa*. Os resultados mostraram um aumento significativo da toxicidade na presença de ácido fúlvico do rio Suwannee (SRFA). [+2]O aumento da toxicidade das NPs de CuO foi atribuído a uma elevada internalização e a um menor grau de agregação das NPs, bem como a uma maior libertação de iões de Cu. (Melegari *et al.* 2013) investigaram os efeitos tóxicos das NPs de CuO em *Chlamydomonas reinharditii*. Os resultados mostraram uma diminuição significativa no conteúdo de carotenoides e inibição da taxa de crescimento. O aumento da concentração de NPs de cobre mostrou uma diminuição na atividade metabólica das células. Após

72 horas de exposição, as espécies reactivas de oxigénio aumentaram em comparação com o controlo. Recentemente, (Muller *et al.* 2016) investigaram o efeito do carbono
revestidas de CuO NP em *Chlamydomonas reinharditii.* [+2]O estudo concluiu que o efeito tóxico nas algas é causado pelo Cu livre dissolvido na nanoforma de CuO. [+2]A adição de EDTA suprimiu a toxicidade, uma vez que actuou como um ligando para o Cu .

◆ Óxidos de sílica

As NPs de sílica são habitualmente utilizadas em compósitos e como aditivos nas indústrias dos plásticos e da borracha. (Van Hoecke *et al.* 2008) tentaram investigar a hipótese principal da nanoecotoxicologia de que a toxicidade se deve à superfície e não ao volume. Para o efeito, foi realizado um teste de inibição do crescimento em *Pseudokirchneriella subcapitata* tratada com sílica a granel e em nanoforma. [-1]A massa revelou-se não tóxica até 1gL . Em contrapartida, as NPs com um diâmetro de 12,5 e 27 nm revelaram-se tóxicas após 72 horas. Não se observou agregação e dissolução negligenciável das nanoesferas de sílica, pelo que a razão da toxicidade foi o tamanho das partículas e a área de superfície das nanoesferas de sílica sólida. A adsorção das partículas era claramente visível no TEM, sugerindo que a toxicidade se devia a interações superficiais. No mesmo ano, (Wei *et al.* 2010) avaliaram a segurança do ecossistema aquático para as NPs de sílica. O estudo foi efectuado em *Scenedesmus obliques*, tratando-o com NPs de sílica a granel e em nanoformas. [-1-1] Os resultados mostraram que as NPs de sílica com um diâmetro de 10-20 nm eram tóxicas após um tempo de exposição de 72 horas a uma concentração de 388,1 mgL e 92 horas a uma concentração de 216,5 mgL, respetivamente. [-1]Em contraste, a forma de NP a granel não era tóxica até 200 mgL . [-1]Após exposição a NP de sílica a várias concentrações de 50, 100 e 200 mgL durante 92 horas, o teor de clorofila diminuiu significativamente. As NPs conferem toxicidade devido à sua sorção na superfície das células das algas. (Van Hoecke *et al.* 2011) realizaram outro estudo sobre NPs de sílica em relação a diferentes valores de pH, revestimentos e conteúdos de matéria orgânica. As experiências foram efectuadas em
Pseudokirchneriella subcapitata. Os resultados mostraram que as NPs de sílica revestidas de alumina se agregaram nos meios e adsorveram fosfato em função do pH e da concentração de NOM. Em contraste, as NPs de sílica sem revestimento não mostraram o mesmo fenómeno. Exceto a pH 6, as NPs revestidas apresentaram valores de toxicidade mais baixos do que as não revestidas.

◆ Óxidos de cério

Devido à sua capacidade de armazenamento de oxigénio, as NPs de dióxido de cério são utilizadas em todo o mundo como catalisadores, especialmente como aditivos para gasóleo. Também são utilizadas na indústria biomédica devido às suas fortes propriedades antioxidantes. Um estudo sobre a agregação de NPs de dióxido de cério a um pH padrão de 7,4 do meio de teste, projectando os efeitos diretos e indirectos, foi realizado por (Van Hoecke *et al.* 2009). Os testes foram efectuados para os três níveis tróficos e quatro organismos de teste, nomeadamente *Pseudokirchneriella subcapitata*, a alga unicelular, *Daphnia magna* e *Themnocephalus platyurus*, dois crustáceos e o embrião de *Danio rerio.* Nos testes de toxicidade aquática, as NPs foram avaliadas em três tamanhos diferentes de 14, 20 e 29 nm. Não foi observada toxicidade aguda nos crustáceos ou no embrião com diferentes concentrações de NPs de dióxido de cério durante o estudo. [-1]Em contraste com estes resultados, os testes realizados em algas verdes mostraram toxicidade crónica com concentrações de efeito de 10% (EC10) entre 2,6 e 5,4 mgL . O estudo observou que os valores de toxicidade crónica aumentavam com a diminuição do diâmetro nominal das partículas. A variabilidade na toxicidade foi atribuída à diferença na área de superfície das NPs de diferentes tamanhos. (Rohder *et al.* 2014) concluíram recentemente que as nanopartículas de CeO2 aglomeradas e a exposição a Ce(NO3)3 causaram a floculação de células em *Chlamydomonas reinhardtii.* [2]As células de algas tratadas com Ce(NO3)3 exibiram níveis aumentados de ROS intracelular e diminuíram o rendimento fotossintético de forma dependente da concentração, enquanto o CeO aglomerado na concentração mais alta (100 ųM) causou uma ligeira diminuição no rendimento fotossintético.

Óxido de ferro

As NPs de óxido de ferro são utilizadas em imagiologia por ressonância magnética, administração de medicamentos, armazenamento de dados magnéticos, têxteis, etc. Até à data, não há estudos que relatem os seus efeitos nocivos, mas a sua utilização em grande escala obrigou-nos a avaliar os aspectos futuros da sua utilização. As interações entre as NPs de óxido de ferro e os colóides naturais são um parâmetro importante para compreender o destino e o comportamento das NPs e a influência do pH, da força iónica e da concentração de matéria orgânica natural (NOM). (Baalousha *et al.* 2009) efectuaram um estudo sobre a agregação e desagregação de NPs de óxido de ferro sob a influência da concentração de partículas, pH e NOM. Os estudos foram efectuados na ausência e na presença de ácido húmico do rio Suwannee (SRHA). A adsorção de ácido húmico na superfície das NPs de óxido de ferro aumenta a sua carga superficial e estabilidade e conduz a uma mudança nos valores de pH próximos do ponto de carga zero e a um aumento da agregação em valores de pH potencialmente mais baixos. Assim, a desagregação é um processo tão importante como a agregação, e os NOM podem ser responsáveis por estas propriedades das NPs e podem ser o principal fator de controlo do destino e do comportamento das NPs nos sistemas aquáticos.

✦ Óxido de alumínio

As NPs de óxido de alumínio são principalmente utilizadas em fluidos de transferência de calor e em modificações de polímeros devido às suas propriedades catalíticas. (Sadiq *et al.* 2011) investigaram a toxicidade das NPs de óxido de alumínio (Al2O3) para microalgas das espécies *Scenedesmus* e *Chlorella* e concluíram que o óxido de alumínio é tóxico tanto a granel como na nanoforma, embora seja significativamente mais tóxico na nanoforma devido a uma diminuição acentuada do teor de clorofila. Mais tarde, (Pakrashi *et al.* 2013) mostraram que tanto a dissolução iónica como a nanoforma do óxido de alumínio contribuem para a toxicidade da alga de água doce *Chlorella ellipsoids*. Foram encontrados níveis elevados de espécies reactivas de oxigénio e LDH. O estudo concluiu que a duração da exposição também influencia a toxicidade.

✦ *t** Óxido de níquel

O óxido de níquel (NiO) é utilizado em sensores, películas electrocrómicas, aditivos para gasóleo, eléctrodos de baterias e, especialmente nas regiões costeiras, para fins de soldadura. A sua exposição ao ecossistema aquático tem um impacto significativo sobre nós. (Gong *et al.* 2011) investigaram os efeitos das NPs de NiO no crescimento de células de algas *Chlorella vulgaris* e relataram os efeitos adversos. A rutura dos tilacóides, a rutura das citomembranas e a plasmólise foram evidentes sob o stress das NPs de NiO durante a exposição de 72 horas. Mas a segunda parte da análise também mostrou que as algas vivas têm a capacidade de acelerar a agregação de NPs e de reduzir as NPs de NiO a níquel de valência zero, podendo ser um instrumento potencial para a bioremediação da nanopoluição no futuro.

Quadro 4.1: Efeitos nanoecotoxicológicos das nanopartículas de óxidos metálicos nas algas

S.no.	NPs	Tested algal species	Characterization of Nanotoxicology	Reference / year
1.	SiO_2	*Pseudokirchneriella subcapitata*	Interaction between the nanoparticle surface and algal cells depends upon the particle size.	Van Hoecke *et al.* 2008
2.	SiO_2	*Scenedesmus obliquus*	In compare to bulk nano form is toxic	Wei *et al.* 2009
3.	CeO_2	*Pseudokirchneriella subcapitata* *Daphnia magna* *Themnocephalus platyurus* embryo of *Danio rerio*	Different size and medium imparts different toxicity levels to different testing organisms	Van Hoecke *et al.* 2009
4.	Core-shell CuNP	*Chlamydomonas reinhardtii*	Coating material influence the toxicity	Saison *et al.* 2010
5.	SiO_2	*Pseudokirchneriella subcapitata*	Different coating leads to different manner of interaction which leads to imparts the toxicity	Van-Hoeke *et al.* 2011
6.	NiO	*Chlorella vulgaris*	Could be the possible bio-remediating nano-pollution tool in future.	Gong *et al.* 2011
7.	Al_2O_4	*Scenedesmus sp.* *Chlorella sp.*	Nano or bulk both causes toxicity but nano form had more deleterious effects than bulk	Sadiq *et al.* 2011

8.	CuO_2	*Microcystis aeruginosa*	Aggregation prohibit toxicity	Wang *et al.* 2011
9.	Al_2O_4	*Chlorella ellipsoids*	Nano form because of dissolution is toxic	Pakrashi *et al.* (2013)
10	Cu NP	*Chlamydomonas reinhardtii*	Increase in dose concentration had adverse effect	Melegari *et al.* (2013)
11	CeO_2	*Chlamydomonas reinhardtii*	Concentration of nanoparticle plays a markable role	Röhder *et al.* 2014

REFERÊNCIAS

1. Baalousha, M. (2009). Agregação e desagregação de nanopartículas de óxido de ferro: Influência da concentração de partículas, pH e matéria orgânica natural. *Science of The Total Environment*, 407, 2093-2101.
2. Curtis, J., Greenberg, M., Kester, J., Philips, S., Kreiger, G., (2006). Nanotecnologia e nanotoxicologia: uma cartilha para clínicos. *Toxicology Reviews*, 25, 245- 260.
3. Gong, N., Shao, K., Feng, W., Lin, Z., Liang, C., & Sun, Y. (2011). Biotoxicidade de nanopartículas de óxido de níquel e biorremediação por microalgas *Chlorella vulgaris*. *Chemosphere*, 83(4), 510-516.
4. Melegari, S. P., Perreault, F., Costa, R. H. R., Popovic, R., & Matias, W G (2013). Avaliação da toxicidade e do estresse oxidativo induzido por nanopartículas de óxido de cobre na alga verde *Chlamydomonas reinhardtii*. *Aquatic Toxicology*, 142, 431-440.
5. Muller, E., Behra, R., & Sigg, L. (2016). Toxicidade de nanopartículas de cobre (CuO) projetadas para a alga verde *Chlamydomonas reinhardtii*. Química Ambiental, 13(3), 457-463.
6. Pakrashi, S., Dalai, S., Prathna, T. C., Trivedi, S., Myneni, R., Raichur, A. M., & Mukherjee, A. (2013). Citotoxicidade de nanopartículas de óxido de alumínio para isolados de algas de água doce em baixas concentrações de exposição. *Aquatic Toxicology*, 132, 34-45.
7. Rohder, L. A., Brandt, T., Sigg, L., & Behra, R. (2014). Influência da aglomeração de nanopartículas de óxido de cério e especiação de cério (III) nos efeitos de curto prazo na alga verde *Chlamydomonas reinhardtii*. *Aquatic Toxicology*, 152, 121-130.
8. Sadiq, I. M., Pakrashi, S., Chandrasekaran, N., & Mukherjee, A. (2011). Estudos de toxicidade de nanopartículas de óxido de alumínio (Al_2O_3) para espécies de microalgas: *Scenedesmus* sp. e *Chlorella* sp. *Journal of Nanoparticle Research*. 13, 3287-3299.
9. Saison, C., Perreault, F., Daigle, J. C., Fortin, C., Claverie, J., Morin, M., & Popovic, R. (2010). Efeito das nanopartículas de óxido de cobre em forma de núcleo de concha na morfologia da cultura celular e na fotossíntese (partição de energia do fotossistema II) da alga verde *Chlamydomonas reinhardtii*. *Aquatic Toxicology*, 96(2), 109-114.
10. Van Hoecke, K., De Schamphelaere, K. A., Ramirez-Garcia, S., Van der Meeren, P., Smagghe, G., & Janssen, C. R. (2011). Influência do revestimento de óxido de alumínio nas propriedades e efeitos das nanopartículas de SiO2 em testes de inibição do crescimento de algas em diferentes valores de pH e teores de matéria orgânica. *Ambiente Internacional*, 37(6), 11181125.
11. Van Hoecke, K., Quik, J. T. K., Mankiewicz-Boczek, J., De Schamphelaere, K. A. C., Elsaesser, A., Vander Meeren, P., Barnes, C., Mckerr, G., Howard, C. V., Meent, D. V. D., Rydzynski, K., Dawson, K. A., Salvati, A., Lesniak, A., Lynch, I., Silversmit, G., De Samber, B., Vincze, L., & Janssen, C. R. (2009). Destino e efeitos das nanopartículas de CeO2 em testes de ecotoxicidade aquática. *Environmental Science & Technology*, 43, 4537-4546.
12. Van Hoecke, K., De Schamphelaere, K. A., Van der Meeren, P., Lcucas, S., & Janssen, C. R. (2008). Ecotoxicidade de nanopartículas de sílica para a alga verde *Pseudokirchneriella subcapitata*: importância da área de superfície. *Toxicologia e Química Ambiental*, 27(9), 1948-1957.
13. Wang, Z., Li, J., Zhao, J., & Xing, B. (2011). Toxicidade e internalização de nanopartículas de CuO para a alga procariótica *Microcystis aeruginosa* como afetada pela matéria orgânica dissolvida. *Ciência e tecnologia ambiental*, 45(14), 6032-6040.

Capítulo 5

EFEITOS DOS NANOMATERIAIS DE CARBONO NAS ALGAS
- **Introdução**

Os nanomateriais de carbono são um dos nanomateriais de engenharia mais promissores. Devido à sua flexibilidade excecional e ao seu potencial para conduzir eletricidade e calor, são adequados para muitos fins industriais (Baughman *et al.* 2002; De Voider *et al.* 2013). Espera-se um aumento constante do volume de produção devido à vasta gama de aplicações, tais como a deteção sensível de compostos farmacêuticos e biológicos por sensores/biossensores electroquímicos feitos de nanomateriais de carbono (Adhikari *et al.* 2015; Batista *et al.* 2015; Couto *et al.* 2016), como meio de imagiologia biomédica por fluorescência e Raman (Bartelmess *et al.* 2015; Hong *et al.* 2015), como armazenamento de energia (**Dang** *et al.* 2016), para purificação de água (Upadhyayula *et al.* 2009; Abbas *et al.* 2016) e para remediação ambiental (Gupta *et al.* 2015; Shi *et al.* 2016). Mas que impacto terá esta utilização generalizada de nanomateriais de carbono no ambiente nos próximos anos? Se estes materiais acabarem nos ecossistemas aquáticos a longo prazo, que impacto terão noutras formas de vida? Por conseguinte, a avaliação do seu impacto toxicológico é crucial. Mas também é difícil porque a quantificação dos nanomateriais de carbono num ambiente rico em carbono é problemática. Estão disponíveis numerosas técnicas de quantificação ou modelos matemáticos para a análise quantitativa, mas todos eles têm algumas limitações. Nenhum método isolado é capaz de fornecer uma avaliação quantitativa completa da matriz (Petersen *et al.* 2011). Estão ainda a ser realizados estudos de avaliação da toxicidade que mostram que os nanomateriais de carbono são prejudiciais para os ecossistemas aquáticos. Não só prejudicam as trocas gasosas e geram stress oxidativo após a exposição, como também fragmentam os organelos e conduzem à morte da célula algal.

- **Efeitos dos nanomateriais de carbono nas algas**

A maioria das análises de toxicidade registou uma supressão do crescimento de algas e uma diminuição do número de células de algas após a exposição a nanomateriais de carbono. As concentrações de aglomerados no interior das células reduziram a disponibilidade de luz e interromperam o fornecimento de nutrição suficiente, inibindo assim o crescimento das algas. As células tratadas apresentaram alterações morfológicas sob as condições de stress. Nas células tratadas com CNTs, a perda de integridade celular pode ser observada nas imagens SEM ou TEM, o que se deve principalmente à internalização dos CNTs. No entanto, os danos não são os mesmos em todos os casos. A diminuição da atividade fotossintética ou enzimática é uma reação causada por vários factores ao longo do tempo. Antes de mais, o contacto direto dos CNT com as células das algas leva à adsorção. Mas o fenómeno de adsorção depende certamente do tempo de exposição e da concentração.

(Wei *et al.* 2010) registaram uma redução de 36% no crescimento exponencial a 10mg/L devido à agregação de f-MWCNT na alga marinha *Dunaliella tertiolecta*. O estudo mostra que ocorre uma fase de atraso após a interação ativa entre as células da alga e o (f-MWNT) em concentrações de dosagem de 5 e 10mg/L (f-MWNT). A concentração efectiva de 50% (EC50) observada foi de 0,082±0,08% após 96h de tratamento. A adsorção de (f-MWNT) nas células das algas induziu stress oxidativo durante o crescimento exponencial e foi também responsável pela redução das funções do fotossistema II. Foi observada uma redução de 5% e 22% no rendimento do PSII em exposições ao f-MWNT de 5 e 10 mg/L, respetivamente. Da mesma forma, (Kwok *et al.* 2010) avaliaram a exposição de DWNTs em *Thalassiosira pseudonana*. A exposição resultou na inibição do crescimento devido à agregação. Verificou-se que a sonicação causou maior toxicidade devido a uma melhor dispersão dos DWNTs. Em contrapartida, (Schwab *et al.* 2011) não observaram alterações morfológicas em *Chlorella vulgaris* e *Pseudokirchneriella subcapitata* entre as células de algas tratadas e de controlo após exposição a nanotubos de carbono não tratados e oxidados. *A Pseudokirchneriella subcapitata* foi menos sensível do que *a Chlorella vulgaris* no estudo. A concentração de efeito de crescimento de 50% (EC50) para *Chlorella vulgaris* foi de 1,8 mg CNT/L e 24 mg CNT/L em suspensões bem dispersas e aglomeradas. Para a *Pseudokirchneriella subcapitata*, foram determinados valores de 20 mg CNT/L e 36 mg CNT/L em suspensões bem dispersas e aglomeradas, respetivamente.

(Gao *et al.* 2012) referiram que o tipo de tensioativo utilizado para a dispersão de nanomateriais de carbono também deve ser considerado. O tensioativo influencia a agregação e outras interações físicas. Os fulerenos juntamente com goma-arábica e água não apresentaram toxicidade detetável, enquanto o tetra-hidrofurano apresentou um valor IC50 de 0,139 mg/L para *Pseudokirchneriella subcapitata.* (Youn *et al.* 2012) registaram um aumento dos níveis de glutatião, indicando uma estimulação do mecanismo de defesa nas células de algas após a exposição a nanotubos de carbono de parede simples. Taxas mais elevadas de síntese de GSH revelaram aparentemente a natureza protetora das células de algas induzida pela exposição. O estudo registou uma redução do tamanho das células e a deformação das membranas celulares das células de algas tratadas. A integridade das células é o principal objetivo.

(Pereira *et al.* 2014) observaram uma inibição de crescimento não dependente da dose no meio BBM após 24 horas de exposição à *Chlorella vulgaris*. Após 72 horas, a redução observada na viabilidade foi entre 45,50-69,83 % para MWCNTs e 48,83 %-50,50 % para CNFs de algodão em meio BBM em concentrações mais baixas. No entanto, após 96 horas, observa-se uma diminuição significativa da viabilidade e do crescimento celular em ambos os casos. O aumento da concentração conduz a uma diminuição drástica do crescimento e da viabilidade das algas. O estudo constatou que após a exposição a 1^g/ml e 50 цд/ml de MWCNTs ou 1^g/ml de CNFs de algodão durante 72h, a atividade fotossintética não foi afetada ou muito alterada, mas após 96h, observa-se uma diminuição significativa em todos os níveis de concentração em ambos os materiais. A diminuição das trocas gasosas e a falta de absorção de nutrientes devem-se à adsorção, que pode ser a razão da diminuição da atividade fotossintética. Curiosamente, o aumento da dose de concentração até 100 g/ml levou a uma diminuição em 24 horas. Além disso, o estudo constatou o encolhimento das células expostas e o aumento da produção de substâncias extrapoliméricas (EPS), o que poderia ser devido ao aumento da adsorção. As perturbações celulares que conduzem à morte celular foram evidentes no estudo.

(Rhiem *et al.* 2015) não observaram nenhum efeito inibitório sobre o crescimento de *Desmodesmus subspicatus* após a exposição a CNTs. Foram evidentes as alterações bioquímicas na composição celular. O estudo mostrou alterações lipídicas e a secreção de polissacarídeos adicionais. Da mesma forma, (Verneuil *et al.* 2015) encontraram a secreção de substâncias poliméricas adicionais quando a diatomácea *Nitzchia palea* foi exposta a MWCNTs. O estudo avaliou os efeitos da *Nitzschia palea* após a exposição a MWCNTs na presença de matéria orgânica natural (NOM). Os resultados mostraram que a divisão celular é fortemente inibida após 48 horas. No estudo, não foi observada qualquer diminuição da atividade fotossintética nas diatomáceas, exceto após a exposição a MWCNTs dispersos com uma elevada concentração de NOM. Baixas doses de NOM e sonicação de MWCNTs mostraram uma recuperação completa após 6-8 dias de exposição.

(Zhang *et al.* 2015) avaliou o papel da matéria orgânica dissolvida (DOM) na toxicidade dos MWCNTs. O estudo foi realizado em *Chlorella pyrenoidosa* com nanotubos de carbono de paredes múltiplas (MWCNTs) juntamente com matéria orgânica dissolvida (DOM), surfactantes (por exemplo, SDBS, TX100) e ácido húmico (HA). O estudo mostrou uma rutura da estrutura celular e um efluxo citoplasmático após a exposição de MWCNTs juntamente com SDBS e TX100, enquanto as células de algas expostas a MWCNTs com ácido húmico (HA) permaneceram intactas. A nanoecotoxicidade foi atenuada pela presença de HA. A internalização de MWCNTs foi quase insignificante na presença de HA, enquanto noutros casos se observou uma absorção e internalização significativas, levando a uma maior fragmentação dos organelos celulares

A utilização de SBDS e TX100 conduz obviamente a uma melhor internalização e penetração das células de algas com MWCNTs, uma vez que a dispersão é aumentada, resultando num efeito de sombreamento mais forte. Por outro lado, o HA atenua a nanotoxicidade, embora provoque um efeito de sombreamento acrescido. O estudo concluiu que o SDBS e o TX100 aumentaram significativamente a produção de ROS intracelular induzida pelos MWCNT, enquanto o HA diminuiu o nível de ROS induzido pelos MWCNT. Foi observado um aumento significativo do teor de MDA após os diferentes tratamentos com MWCNTs. Exceto para uma concentração de MWCNT de 30 mg/L, que teve um efeito insignificante no teor de MDA nas células de algas.

Quadro 5.1: Efeitos nano-ecotoxicológicos dos nanomateriais de carbono na flora algal

S.no	Particle Size	Tested algal species	Important findings	Reference
1.	MWCNTs	*Raphidocelis subcapitata*	Growth inhibited	Fark & Booth *et al.* 2017
2.	CNTs	*Desmodesmus subspicatus*	Extra-polymeric substance secretion	Rhiem *et al.* 2015
3.	MWCNTs	*Nitzschia palea*	NOM concentration plays role in imparting toxicity	Verneuil *et al.* 2015
4.	MWCNTs	*Chlorella pyrenoidosa*	Presence of Surfactant and DOM alters level of toxicity	Zhang *et al.* 2015
5.	CNF and MWCNTs	*Chlorella vulgaris*	Exposure time certainly affects the toxicity.	Pereira *et al.* 2014
6.	Pristine and oxidized CNT	*Chlorella vulgaris*	Coating affects toxicity	Schwab *et al.* 2013
7.	SWNTs suspended in gum arabic (GA)	*Pseudokirchneriella subcapitata*	Cell integrity is mostly affected.	Youn *et al.* 2012
8.	C60 & SWNTs with different surfactant	*Pseudokirchneriella subcapitata*	Surfactant influence aggregation, one of the parameter assigning toxicity.	Gao *et al.* 2012
9.	MWCNT	*Chlorella sp.*	Size and exposure time are important	Long *et al.* 2012

			parameters in attributing toxicity.	
10	Pristine and Oxidized CNT	*Chlorella vulgaris* *Pseudokirchneriella subcapitata*	Better dispersion of carbon nanomaterial leads to higher toxicity.	Schwab *et al.* 2011
11	DWNTs MWNTs	*Thalassiosira pseudonana*	Sonication leads to better dispersion and higher toxicity levels.	Kwok *et al.* 2010
12	Pristine walled CNT	*Dunaliella tertiolecta*	Increase in dose concentration is directly proportional to the toxicity.	Wei *et al.* 2010

REFERÊNCIAS

1. Abbas, A., Al-Amer, A. M., Laoui, T., Al-Marri, M. J., Nasser, M. S., Khraisheh, M., & Atieh, M. A. (2016). Remoção de metais pesados de solução aquosa por nanotubos de carbono avançados: revisão crítica das aplicações de adsorção. *Tecnologia de Separação e Purificação, 157*, 141-161.

2. Adhikari, B. R., Govindhan, M., & Chen, A. (2015). Sensores/biossensores electroquímicos baseados em nanomateriais de carbono para deteção sensível de compostos farmacêuticos e biológicos. Sensores, 15(9), 22490-22508.

3. Batista, F. R., Belhout, S. A., Giordani, S., & Quinn, S. J. (2015). Desenvolvimentos recentes em sensores de nanomateriais de carbono. Chemical Society Reviews, 44(13), 4433-4453.

4. Bartelmess, J., Quinn, S. J., & Giordani, S. (2015). Nanomateriais de carbono: agentes multifuncionais para fluorescência biomédica e imagem Raman. *Chemical Society Reviews, 44*(14), 4672-4698.

5. Baughman, R. H., Zakhidov, A. A., & De Heer, W. A. (2002). Carbon nanotubes - the road to applications (Nanotubos de carbono - o caminho para as aplicações). *Science, 297*(5582), 787-792.

6. Couto, R. A. S., Lima, J. L. F. C., & Quinaz, M. B. (2016). Desenvolvimentos recentes, propriedades e potenciais aplicações de eléctrodos impressos em tela em análises farmacêuticas e biológicas. Talanta, 146, 801-814.

7. Dang, Z. M., Zheng, M. S., & Zha, J. W. (2016). Compósitos dielétricos de polímero DP de nanomaterial de carbono 1D / 2D com alta permissividade para aplicações de armazenamento de energia.
Klein, 12(13), 1688-1701.

8. De Volder, M. F., Tawfick, S. H., Baughman, R. H., & Hart, A. J. (2013). Carbono

Nanotubos: aplicações comerciais actuais e futuras. Science, 339(6119), 535-539.

9. Farkas, J., & Booth, A. M. (2017). Os métodos de quantificação de clorofila baseados em fluorescência são adequados para avaliar a toxicidade das algas dos nanomateriais de carbono? *Nanotoxicologia*, 1-30.

10. Gao, J., Llaneza, V., Youn, S., Silvera □Batista, C. A., Ziegler, K. J., & Bonzongo, J. C. J. (2012). Processos de suspensão aquosa para nanomateriais à base de carbono e efeitos biológicos em organismos modelo aquáticos. *Toxicologia e Química Ambiental, 31*(1), 210-214.

11. Gupta, V. K., Moradi, O., Tyagi, I., Agarwal, S., Sadegh, H., Shahryari-Ghoshekandi, R., Makhlour S H, Goodarzi M & Garshasbi, A. (2016). Estudo sobre a remoção de iões de metais pesados de resíduos industriais por nanotubos de carbono: efeito da modificação da superfície: uma revisão. *Revisões críticas em ciência e tecnologia ambiental, 46*(2), 93-118.

12. Hong, G., Diao, S., Antaris, A. L., & Dai, H. (2015). Nanomateriais de carbono para imagem biológica e terapia nanomedicinal. *Chemical Reviews, 115*(19), 10816-10906.

13. Kwok, K. W., Leung, K. M., Flahaut, E., Cheng, J., & Cheng, S. H. (2010). Toxicidade crónica de nanotubos de carbono de parede dupla para três organismos marinhos: influência de diferentes métodos de dispersão. *Nanomedicina, 5*(6), 951-961.

14. Pereira, M. M., Mouton, L., Yepremian, C., Coute, A., Lo, J., Marconcini, J. M., Ladeira LO, Raposo NRB, Brandao & Brayner, R. (2014). Efeitos ecotoxicológicos de nanotubos de carbono e nanofibras de celulose emChlorella vulgaris. *Journal of*

Nanobiotecnologia, 12(1), 15.

15. Rhiem, S., Riding, M. J., Baumgartner, W., Martin, F. L., Semple, K. T., Jones, K. C.,

    Schaffer A & Maes, H. M. (2015). Interações de nanotubos de carbono de paredes múltiplas com células de algas: Quantificar a associação, visualizar a absorção e medir as alterações na composição celular. *Environmental Pollution, 196*, 431-439.

16. Schwab, F., Bucheli, T. D., Lukhele, L. P., Magrez, A., Nowack, B., Sigg, L., & Knauer, K. (2011). Os efeitos dos nanotubos de carbono nas algas verdes são causados por sombreamento e aglomeração? *Environmental science & technology, 45*(14), 6136-6144.

17. Shi, B., Su, Y., Zhang, L., Liu, R., Huang, M., & Zhao, S. (2016). Sensor de pH fluorescente baseado em nanopartículas de carbono de grupos funcionais ricos em nitrogênio com resposta de ampla faixa para aplicações ambientais e de células vivas. *Biosensores e Bioelectrónica, 82*, 233-239.

18. Upadhyayula, V. K., Deng, S., Mitchell, M. C., & Smith, G. B. (2009). Aplicação da tecnologia de nanotubos de carbono para a remoção de contaminantes na água potável: uma revisão. *Science of the Total Environment, 408*(1), 1-1.

19. Verneuil, L., Silvestre, J., Mouchet, F., Flahaut, E., Boutonnet, J. C., Bourdiol, F., Bortolamiol T, Baque D, Gauthier L & Pinelli, E. (2015). Nanotubos de carbono de paredes múltiplas, matéria orgânica natural e a diatomácea bentónica Nitzschia palea: "Uma história pegajosa". *Nanotoxicologia*, 9(2), 219-229.

20. Wei, L., Thakkar, M., Chen, Y., Ntim, S. A., Mitra, S., & Zhang, X. (2010). Cytotoxic effects of water-dispersible oxidised multi-walled carbon nanotubes on the marine alga Dunaliella tertiolecta. *Aquatic Toxicology*, 100(2), 194-201.

21. Youn, S., Wang, R., Gao, J., Hovespyan, A., Ziegler, K. J., Bonzongo, J. C. J., & Bitton,

    G. (2012). Atenuação dos efeitos dos nanotubos de carbono de parede simples numa alga verde de água doce: Pseudokirchneriella subcapitata. *Nanotoxicologia*, 6(2), 161-172.

22. Zhang, L., Lei, C., Chen, J., Yang, K., Zhu, L., & Lin, D. (2015). Efeito de revestimentos de superfície naturais e sintéticos na toxicidade de nanotubos de carbono de paredes múltiplas para algas verdes. *Carbono*, 83, 198-207.

23. Long, Z., Ji, J., Yang, K., Lin, D., Wu, F. (2012). Investigação sistemática e quantitativa do mecanismo de toxicidade dos nanotubos de carbono para as algas. Environ Sci Technol 46(15): 8458-8466.

24. Petersen, E.J., Zhang, L., Mattison, N.T., O'Carroll, D.M., Whelton, A. J., Uddin, N.,

Capítulo 6

PARÂMETROS RESPONSÁVEIS PELA TOXICIDADE DAS ALGAS

No caso da nanoecotoxicologia, muitos parâmetros desempenham um papel importante na classificação da toxicidade. Uma maior relação superfície/volume torna as nanopartículas mais reactivas. No entanto, o mecanismo pode ser classificado da seguinte forma, que se enumera de seguida:

1. Interação física: A agregação, aglomeração e deposição influenciam as interações e o transporte de nanopartículas da fonte para o sumidouro. As nanopartículas interagem com as algas através de interações hidrofóbicas e de ligações de hidrogénio, pelo que desempenham um papel importante na toxicidade das algas. Uma vez que estas interações afectam principalmente a composição da parede celular, as alterações fisiológicas começam logo que estas interações ocorrem. No entanto, a intensidade destas interações é afetada por muitos factores, como o revestimento da superfície, o dispersante, o pH, a morfologia e o tamanho das nanopartículas. Ao realizar o teste de toxicidade, devemos ter em conta cada um dos factores acima referidos. Stress oxidativo: A formação de espécies reactivas de oxigénio indica que as algas estão em condições de stress. A depleção de enzimas antioxidantes após a exposição a nanopartículas é um dos resultados observados. O teor de clorofila também foi reduzido. A avaliação das espécies reactivas de oxigénio fornece informações sobre as actividades metabólicas que têm lugar na célula da alga.

2. Efeito de sombra: Devido a interações físicas, as nanopartículas acumulam-se em torno das células-alvo, o que leva a uma inibição da produção de luz.

   a escassez de nutrientes para a célula e a sua internalização conduzem a

   a destruição dos organelos celulares e o colapso da célula.

Outros mecanismos incluem 4. adsorção com influência na toxicidade e 5. resíduos de catalisadores metálicos. Estes são os parâmetros que contribuem para o efeito. A adsorção de material exposto leva a uma obstrução da troca iónica da membrana celular em causa e altera muitas funções fisiológicas.

- Recomendações para o futuro:

1. As condições ambientais são muito mais complexas, uma vez que está presente um grande número de populações. A maioria dos estudos nano-ecotoxicológicos foi efectuada em condições laboratoriais controladas. Os estudos futuros devem ser efectuados em condições ambientais naturais e complexas.

2. São necessárias mais experiências para introduzir uma quantificação normalizada dos nanomateriais de acordo com a sua distribuição no ambiente.

3. Como podemos ver, um único protocolo padrão não pode funcionar em todos os casos. Por conseguinte, é necessário criar um protocolo separado para cada metal/óxido metálico/nanopartícula de carbono, a fim de se chegar a uma conclusão.

4. Além disso, as nanopartículas só devem ser produzidas de uma forma ecológica, rentável e sustentável, para garantir que não são libertados produtos químicos no ambiente.

5. As nanopartículas produzidas devem ser previamente submetidas a uma avaliação do impacto ambiental e só depois deve ser autorizada a sua comercialização em grande escala.

6. Devem ser mantidas condições ambientais estimulantes durante a realização da experiência de avaliação da toxicidade.

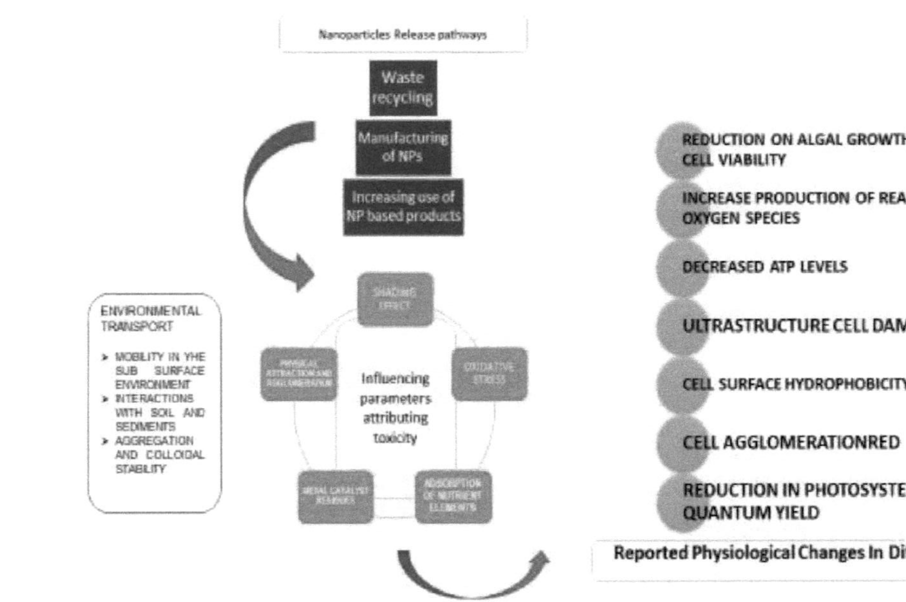

Figura 6:1: Fluxograma do efeito tóxico das nanopartículas nas algas.

PAPEL DA ALGAE

A flora algal, que é uma unidade básica do ecossistema aquático, pode levar a diferentes possibilidades de toxicidade das nanopartículas:

1. Antes de mais, é o modelo perfeito para avaliar a toxicidade. Isto deve-se ao facto de a sua fisiologia celular ser simples e o seu ciclo de vida ser curto.
2. As algas consumidas por organismos de nível trófico superior podem dar-nos uma melhor ideia da biomagnificação e bioacumulação de nanopartículas no ecossistema.
3. Poderá também ser uma fonte de controlo da nanopoluição. Um estudo recente (Gong *et al.* 2011) registou a remoção de nanopartículas de óxido de níquel por algas. A continuação da investigação poderá conduzir-nos a uma abordagem biogénica da poluição.
4. A utilização de algas como instrumento de monitorização e de combate à poluição é um método rentável e amigo do ambiente.

REVISTA DE ECOTOXICOLOGIA

1. Saúde e gestão dos ecossistemas aquáticos
2. Toxicologia aquática
3. Relatórios de poluição actuais
4. Monitorização e gestão das nanotecnologias no ambiente
5. Jornal Europeu de Ficologia
6. Jornal Internacional de Ciência e Tecnologia Ambiental
7. Jornal Internacional de Nanotecnologia
8. Jornal Internacional de Toxicologia
9. Revisões científicas regionais internacionais
10. Revista para o ambiente, ciência e saúde
11. Jornal de Biologia Ambiental
12. Revista de educação ambiental
13. Micro e nanoletras
14. Nano
15. Nanoimpacto
16. Nanomateriais e nanotecnologias
17. Nanotoxicologia
18. PNAS Índia
19. Jornal de Ciências e Engenharia da Saúde Ambiental
20. Ciência ambiental e investigação sobre poluição
21. Ecotoxicologia
22. Investigação toxicológica
23. Toxicologia
24. Toxicologia e ciências da saúde ambiental
25. Toxicologia e química ambiental
26. Avaliações de toxinas
27. Boletim de Contaminação Ambiental e Toxicologia

INVESTIGADORES INDIANOS E RESPECTIVAS INSTITUIÇÕES QUE TRABALHAM NO DOMÍNIO DA NANOTOXICOLOGIA

Professor Alok Dhawan
Diretor
Gabinete do Diretor
Instituto Indiano de Investigação Toxicológica
P. O. Box 80, M.G. Marg
Lucknow-226001
Índia
Correio eletrónico: alokdhawan@iitr.res.in
Professor Rishi Shanker
Diretor em exercício
Instituto de Biociências,
Ahmedabad University Road, Vasant Vihar

Navrangpura, Ahmedabad
Gujarat-380009
Correio eletrónico: rishi.shanker@adhuni.edu. in
Professor Rajiv Krishna Saxena
Vice-presidente e **decano,**
Faculdade de Biociências e Biotecnologia
Universidade do Sul da Ásia
Akbar Bhawan, Chanakyapuri
Nova Deli-110021
Correio eletrónico: rajivksaxena@hotmail.com
Dr. Mukul Das
Cientista-chefe
Instituto Indiano de Investigação Toxicológica
P. O. Box 80, M.G. Marg
Lucknow-226001
Índia
Correio eletrónico: mukul@iitr.res.in
Professora Anita Mukherjee
[nd]Laboratory of Cell Biology and Genetic Toxicology, Department of Botany,
University of Calcutta Room No. 341, 2, , 35 Ballygunge Circular Road
Calcutá-700019
Bengala Ocidental.
Correio eletrónico: anitamukherjee28@gmail.com
Ritesh K. Shukla
Cientista
Instituto Indiano de Investigação Toxicológica
P. O. Box 80, M.G. Marg
Lucknow-226001
Índia
Correio eletrónico: ritesh.shukla@ahduni.edu. in
Suhel Parvez
Professor Associado
Departamento de Elementologia Médica e Toxicologia
Jamia Hamdard, Universidade Reconhecida, Nova Deli
Correio eletrónico: sparvez@jamiahamdard.ac.in
Hemant Kumar Daina
Professor Assistente
Instituto de Tecnologia Siddaganga
Laboratório de Investigação de Interfaces Nano-Bio (NBIRL)
Departamento de Biotecnologia
Instituto de Tecnologia Siddaganga,
Tumkur, Karnataka
Manosij Ghosh
Laboratório de biologia celular e toxicologia genética,
Departamento de Botânica, Universidade de Calcutá
[nd]Sala n.º 341, 2.º andar, 35 Ballygunge Circular Road
Calcutá-700019
Bengala Ocidental.
Dr. Chandraiah Godugu
Professor Assistente
Departamento de Toxicologia Regulamentar
Instituto Nacional de Educação e Investigação Farmacêutica (NIPER)

Índice

I want morebooks!

Buy your books fast and straightforward online - at one of world's fastest growing online book stores! Environmentally sound due to Print-on-Demand technologies.

Buy your books online at
www.morebooks.shop

Compre os seus livros mais rápido e diretamente na internet, em uma das livrarias on-line com o maior crescimento no mundo! Produção que protege o meio ambiente através das tecnologias de impressão sob demanda.

Compre os seus livros on-line em
www.morebooks.shop

info@omniscriptum.com
www.omniscriptum.com

Printed by Books on Demand GmbH, Norderstedt / Germany